나는
플랜트 엔지니어
입니다

박정호 지음
나는
플랜트
엔지니어
입니다
입사 2년차
초보 엔지니어가
리드 엔지니어가
되기까지,
현장감 넘치는
5년의 기록

플루토

머리말

한 사람의 엔지니어 하나의 프로젝트 – 성장과 완성의 이야기

'대한민국의 가장 성공적인 해외자원개발 프로젝트인 말레이시아 살라맛 해양플랜트 프로젝트. 연간 3,000억 원 이상의 이익을 지속적으로 창출해내고 있습니다.'

여느 때와 다름없는 평범한 날, 가슴 떨리는 뉴스를 들었다. 말레이시아 살라맛 프로젝트. 5년 전에 성공적으로 가스생산을 시작한 후 엄청난 이익을 안겨주고 있는 대한민국의 대표적인 해외자원개발 프로젝트다. 이 프로젝트는 내가 평사원이었을 때 입찰부터 시작하여 과장이 되어 마지막 성능보장시험을 하기까지 5년이라는 긴 시간 동안 수행한 잊지 못할 추억이 깃든 해양플랜트 공사이기도 하다. 그 후로도 여러 해양플랜트 공사에 참여했지만, 살라맛 프로젝트만큼 내게 멋진 경험을 선사해주고 강렬한 기억을 남긴 프로젝트는 없었다.

내가 플랜트회사에 입사하여 프로세스 엔지니어 2년차가 되었을 무렵 살라맛 프로젝트에 입찰하라는 초청장이 날아왔다. 국내의 한 자원개발회사가 동남아시아 지역의 가스 개발을 위해, 플랜트를 설계하고 건설할 회사를 찾고 있었다. 당시 이 회사는 막대한 비용을 들여 말레이시아 해상 가스전 지대에서 가까스로 대규모 가스전을 발견할 수 있었고, 이곳에서 가스를 생산할 대형 해양플랜트가 필요했다.

살라맛 프로젝트의 주요 목적은 바닷속 가스전 위에 설치되어 가스를 생산하고 이를 깨끗하게 처리하는 해양플랜트와 해저에 설치되어 가스생산만을 하는 해저 가스생산 설비 그리고 이 플랜트를 육상과 연결하는 파이프라인을 건설하는 것이었다. 플랜트를 설치할 곳이 깊은 바다라면 선박 모양의 둥둥 뜨는 해양플랜트가 필요하지만, 살라맛처럼 바다 깊이가 100미터 정도라면 재킷jacket이라는 철구조물을 해저에 설치한 다음 그 위에 플랫폼 형태의 플랜트를 얹는다. 가스전에 구멍을 뚫는 드릴링의 경우 가스생산이나 처리와는 별도의 설비를 활용하는 경우가 많지만, 이 프로젝트는 두 기능을 동시에 할 수 있도록 모든 설비를 갖춘 큰 프로젝트였다. 구멍 하나 뚫는 것도 매우 힘들고 긴 시간이 필요한 작업인데, 원하는 만큼 가스를 뽑아내려면 한두 개도 아니고 열 개가 넘는 구멍을 뚫어야 한다. 이렇게 뚫은 구멍에 파이프를 박아서 가스를 뽑아낸 다음 플랫폼에서 정제 처리를 해야 비로소 판매할 수 있는 가스가 된다.

살라맛 프로젝트는 외적 여건도 좋았다. 가스를 생산하면 이를 구매할 회사, 즉 바이어가 있어야 하는데 이 프로젝트는 바이어도 이미 정해져 있었다. 정치적인 상황에 얽히거나 바이어가 정해지지 않은 프로젝트는 중간에 엎어지거나 문제가 생기는 경우도 있다. 이 프로젝트는 바이어가 미리 정해져 있었기 때문에 그럴 우려도 적었다. 게다가 우리나라 기업이 발주하는 프로젝트라 진행도 원활할 것으로 보였다. 이렇게 좋은 기회에 우리 회사는 프랑스의 세계적인 엔지니어링회사와 컨소시엄을 만들어 함께 기본설계를 진행한 후 입찰했고, 결국 경쟁사를 제치고 성공적으로 프로젝트를 수주할 수 있었다.

그렇게 건설된 살라맛 가스생산 해양플랜트는 발주처에는 대규모의 이익을 안겨주는 효자사업이 되었고, 석유나 가스자원이 없는 우리나라에게는 성공적인 해외자원개발 사례가 되어 국가경제에 이바지하고 있다. 또 내게는 처음부터 끝까지 모든 과정에 참여했던 첫 번째 프로젝트이자 함께 했던 동료들과의 추억이 깃든 각별한 프로젝트이기도 하다. 대형 플랜트 공사에서는 프로젝트에 참여하는 모두의 역량과 협동심이 무엇보다 중요한데, 살라맛 프로젝트는 이러한 부분에서 완벽했다.

프로세스 엔지니어로 일을 시작한 지 13년이 되어가는 지금도 살라맛 프로젝트를 수행할 당시의 기억이 여전히 생생하다. '회사에 입사한 후 10년 동안 수행한 프로젝트에서 얻은 지식과 경험이 평생의 자산이 된다'는 팀장님의 말씀대로 살라맛 프로젝트에서 배우고 경험한 것들이 내가 많은 프로젝트를 책임지며 수행할 수 있는 디딤돌이 되었다.

플랜트 관련 마이스터고 학생들에게 강의할 기회가 종종 있다. 플랜트 엔지니어의 꿈을 품고 초롱초롱하게 눈을 빛내며 강의를 듣는 고등학생들 앞에 서 있으면 학생들의 진지함에 압도되기도 한다. 나는 꿈이나 목표가 없는 고등학생이었고, 딱히 무언가 하고 싶은 것이 없는 대학생이었다. 미래가 불안하여 학점이나 영어점수에 목을 매긴 했지만, 내 자신이 정말 하고 싶은 일이 무엇인지는 몰랐다. 이 길에 들어선 것은 우연이었다. 어쩌다 해양플랜트회사에서 인턴 업무를 하면서 이 분야에 흥미를 느끼게 되었고, 플랜트 EPC회사에 입사한 뒤 그야말로 좌충우돌하며 플랜트 엔지니어링에 눈을 뜨게 되었다. 그때의 나처럼 아무것도 모른 채 플랜트 엔지니어가 되기보다는 꿈을 키우는 학생시절부터 엔지니어가 되겠다는 목표를 세우고 하나하나 준비하면 보다 빨리 한 사람의 몫 제대로 하는 어엿한 플랜트 엔지니어가 될 수 있을 것이다. 직장생활을 해보니 아무리 생계 때문이라지만 스스로 즐길 수 있는 일을 하는 것이 가장 중요하다는 생각이 든다. 준비가 잘 되어 있을수록 즐겁게 일할 수 있는 여지도 크다.

플랜트 엔지니어를 꿈꾸는 사람, 그리고 플랜트 엔지니어링과 플랜트 프로젝트의 전반적인 모습이 궁금한 사람을 위해 이 책을 썼다. 아는 것이 거의 없던 2년차 엔지니어가 5년 동안 한 프로젝트에 매달려 이리저리 부딪히며 성장하는 모습을 보면서 플랜트 프로젝트가 어떻게 시작해서 어떤 과정을 거쳐 마무리되는지 간접적으로 경험할 수 있을 것이다. 우리나라의 눈부신 경제성장을 이끈 플랜트산업이 무엇인지 막연한 궁금증을 가지고 있던 독자라면 이 책으로 많은 궁금증이 해소되리라 자신한다.

이 책에 등장하는 이야기는 모두 나의 경험을 바탕으로 한 사실이지만, 인명과 지명, 회사명과 프로젝트명 등은 극히 일부를 제외하고는 모두 가명으로 처리했음을 미리 밝힌다.

마지막으로 이 책이 탄생할 수 있도록 물심양면으로 애써준 플루토 출판사의 박남주 대표님에게 감사의 마음을 전한다. 그리고 내가 플랜트 엔지니어가 될 수 있도록 아낌없이 응원하고 지지해준 가족에게도 깊은 감사의 마음을 전한다. 특히 무슨 일을 하든 그저 믿어주고 응원해준 사랑하는 아내 민정에게 정말 고맙다는 말을 전하고 싶다. 아울러 각종 프로젝트를 수행하며 동고동락한 모든 플랜트 엔지니어 선후배와 동료에게 감사의 인사를 드린다.

차례

2장 프로젝트 착수

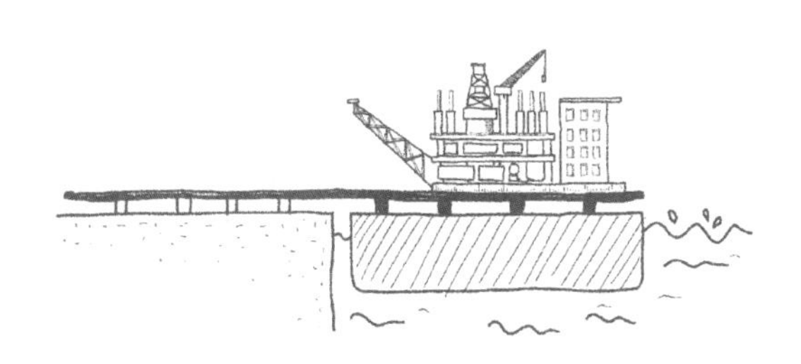

프로젝트 수행

4장 프로젝트 마무리

안 읽어도 상관없지만,
읽으면 이 책이 더욱 재미있을

플랜트 그리고 플랜트 엔지니어링

이 책의 주인공인 살라맛 플랜트 프로젝트가 어떻게 시작되고 진행되었는지 본격적으로 이야기하기에 앞서 플랜트와 플랜트 엔지니어링이 무엇인지에 관해 간단히 살펴보기로 하자. 이 책에는 여러 전문용어와 업무가 등장하지만, 플랜트에 관한 전반적인 지식을 먼저 읽고 나면 살라맛 프로젝트 이야기가 더욱 재미있을 것이다.

• 플랜트란 무엇일까

공장, 물건을 만드는 곳, 바다에서 불을 뿜는 곳……. 사람들에게 플랜트plant가 무엇이냐고 물으면 이렇게 대답하곤 한다. 또 사전을 찾아보면 첫 번째 의미가 '식물'이고, 무언가를 심는다는 뜻도 있다. 플랜트에서 파생된 임플란트implant도 심는다는 의미로

치의학 분야에서 쓰인다.

한 가지로 정의하기 힘든 용어인 플랜트. 플랜트는 '싹이 트고 자라기 시작하다'라는 뜻의 라틴어 planta와 '공간에 고정시키다'라는 뜻의 plantare라는 단어가 변형되어 탄생했다. 18세기 중엽 산업혁명이 시작되어 많은 기계를 돌리는 공장이 생겨나면서부터 지금과 같은 의미를 가진 용어로 산업 분야에서 사용되기 시작했다. 공장을 만들 때에도 터를 닦아 구조물을 짓고 하나씩 기계를 설치하는 식으로 차근차근 완성되기 때문에, 그 과정이 식물이 자라는 모습과 일맥상통하기도 한다.

그렇다면 산업 분야에서 활용되는 '플랜트'는 구체적으로 어떤 모습일까? 보통 어떤 원료나 에너지를 투입하여 우리가 원하는 제품이나 중간 생산물을 제조하거나 또 다른 형태의 에너지를 생산하는 설비를 플랜트라고 한다. 옷이나 식료품처럼 우리가 먹고 사는 데 쓰는 다양한 제품, 집에서 취사나 난방용으로 쓰는 도시가스 등 많은 것들이 플랜트를 통해 정제되거나 생산되며, 우리가 일상에서 사용하는 거의 모든 제품이 플랜트를 거쳐 나온 것이라고 해도 과언이 아닐 정도로 플랜트는 우리와 밀접하다. 울산이나 여수에 가면 다양한 플랜트가 밀집해 단지를 이루고 있다. 플랜트에서 생산하는 다양한 제품이 우리 삶을 풍요롭게 해주고 있다.

원료와 에너지가 플랜트를 거쳐 우리가 쓸 수 있는 다양한 제품과 에너지가 된다

• 플랜트가 하는 여러가지 일

플랜트에는 어떤 종류가 있고 각각 어떤 기능을 할까? 산업 분야의 대표적인 플랜트로는 오일·가스 플랜트, 발전플랜트, 신재생에너지 플랜트, 석유화학 플랜트, 발전플랜트, 환경·담수 플랜트가 있다.

오일·가스 플랜트는 수많은 화학제품의 원료물질인 오일과 가스를 생산하는 플랜트다. 오일이라고 하면 흔히 우리가 자동차에 넣는 휘발유나 경유를 떠올리겠지만, 여기서 말하는 오일은 원유다. 원유에는 여러 물질이 함유되어 있다. 원유를 정제하여 가솔린이나 경유, 도로를 포장하는 데 쓰는 아스팔트, 보일러에 쓰는 등유, 석유화학제품의 원료가 되는 나프타 등을 얻을 수 있다.

원유의 기원은 여러 가지 설이 있지만 그중에서도 주로 고대의 동식물이 깊은 땅속에 묻힌 후 오랜 시간 높은 압력과 온도에 반응하여 만들어진 유기물이라는 가설이 유력하다. 원유는 저장된 곳을 찾기도 쉽지 않고 발견했다고 해도 개발해서 생산하기도 힘들며 돈도 많이 든다. 가스도 마찬가지다. 땅속에 묻혀 있는 것을 뽑아내야 하는데, 뽑아낸다고 해도 바로 활용할 수 있는 것이 아니라 가스에 섞여 있는 물이나 모래 등 온갖 불순물을 분리해야만 한다. 유전이나 가스전을 개발해 오일이나 가스혼합물을 땅 위로 끌어올린 뒤 여러 단계의 분리와 정제 과정을 거쳐 유조선에 싣거나 파이프라인으로 보낼 수 있을 정도로 깨끗하게 만드는 일을 하는 것이 바로 오일·가스 플랜트다.

발전플랜트는 일상생활이나 산업에 없어서는 안 될 전기를 생산하는 플랜트다. 전기에너지를 생산하려면 다른 원료나 에너지가 있어야 한다. 석탄이나 중유, 가스를 태워서 전기를 생산하면 화력발전소, 우라늄을 활용하여 생산하면 원자력발전소다. 화력발전소의 경우 미세먼지 발생은 최소화하면서 값이 싼 연료인 가스를 태우는 가스 화력발전소가 점점 늘고 있지만, 너무 한쪽으로 치우치면 불안정한 연료가격과 에너지안보문제도 있어 다른 형태의 발전소도 복합적으로 활용될 것이다.

발전플랜트와 비슷한 역할을 하면서 지구의 환경오염과 기후변화를 최소로 한 것이 신재생에너지 플랜트다. 석탄을 그대로 태우면 미세먼지 같은 많은 오염물질을 배출하기 때문에 최근에는 석탄을 보다 청정한 오일로 만들어주는 BTL Biomass to Liquid 플랜트도 신재생에너지 플랜트의 하나로 등장했다. 이밖에 풍력, 태양광, 지열도 신재생에너지 발전에 활용된다. 화석연료를 사용하면 이산화탄소 같은 온실가스가 많이 배출될 수밖에 없는데, 이로 인해 지구의 온도가 지속적으로 올라가고 있어 문제가 심각하다. 녹아버린 빙하에서 힘겹게 살아가는 북극곰 영상에서 볼 수 있듯이 나날이 심각해지는 기후변화가 신재생에너지 플랜트의 필요성을 점차 높이고 있다. 특정 시간에만 해가 떠 있다는 문제가 있는 태양광발전이나 불규칙하게 부는 바람을 이용해야 하는 풍력발전에서는 전기에너지를 일정하게 생산할 수가 없으므로, 이를 보완하기 위해 태양광이나 풍력을 이용해 생산한 전기를 수소에너지로 전환하는 기술도 적극적으로 개발되고 있다.

환경플랜트는 다른 여러 플랜트나 일상생활에서 나오는 폐수나 공기 오염물질을 처리하는 역할을 한다. 우리에게 유용한 제품이나 에너지를 만들어내는 플랜트도 중요하지만, 지속 가능한 개발을 위해서는 온갖 제품이나 에너지를 생산할 때 발생하는 각종 오염물질, 일상생활에서 배출하는 쓰레기를 처리하는 환경플랜트도 매우 중요하다. 담수플랜트는 바닷물에 있는 염분을 제거하여 식용이나 공업용 물을 생산하는 플랜트로서 물이 부족한 국가에서는 생활과 산업을 위해 필수적이다.

마지막으로 석유화학 플랜트는 우리나라와 가장 밀접한 분야다. 석유화학 플랜트의 원료물질은 바로 앞에서 소개한 오일·가스 플랜트에서 생산하는 원유나 가스다. 원유에는 정말 많은 물질이 섞여 있는데, 이 물질들은 끓는점의 차이를 이용해 분리해낼 수 있다. 석유화학 플랜트의 선봉장 역할을 하는 정유플랜트는 원유를 LPG(프로판과 부탄 등으로 이루어진 액화석유가스), 가솔린(휘발유), 나프타, 경유, 등유, 아스팔트 등으로 분리하는데, 이중에서도 나프타는 또 다시 다른 석유화학 플랜트에서 활용되는 중요한 원료물질이다.

LPG, 휘발유, 경유는 많이 들어봤겠지만 나프타는 조금 생소할지도 모르겠다. 나프타는 원유 질량의 약 20퍼센트를 차지하며, 가솔린을 포함하는 좀더 넓은 범위의 물질이다. 간단히 말해 산업용으로 쓰면 나프타라고 하고, 특정 성분의 품질을 좀더 높여서 자동차 연료로 쓰면 가솔린(휘발유)이라고 부른다. 나프타의 끓는점은 섭씨 35~220도 정도이고, 섭씨 850도까지 가열하면 분자가 쪼개지면서 여러 가지 석유화학물질로 재탄생된다. 그렇게 해서 에틸렌, 프로필렌 같은 석유화학의 기초물질이 만들어진다. 에틸렌이나 프로필렌은 가솔린이나 경유 같은 안정적인 기름과는 달리 불안정해서 변형이 쉽다. 다시 말해 다른 물질과 결합시켜 새로운 화학물질을 만들기가 쉽다.

특별한 화학반응을 통해 에틸렌만을 줄줄이 이어붙이면 폴리에틸렌이라는 하얀 알갱이 형태의 고체물질이 만들어진다. 이 폴리에틸렌이 우리가 일상에서 엄청나게 많이 사용하는 플라스틱 용기, 장난감, 비닐봉투, 필름 등의 원료가 된다. 마찬가지로 프로필렌도 폴리프로필렌 형태로 만들어, 폴리에틸렌보다 좀더 딱딱한 플라스틱을 만드는 원료로 쓸 수 있다. 또 이들을 조합하거나 다른 화학성분을 첨가하면 다양한 강도와 기능을 가진 또 다른 플

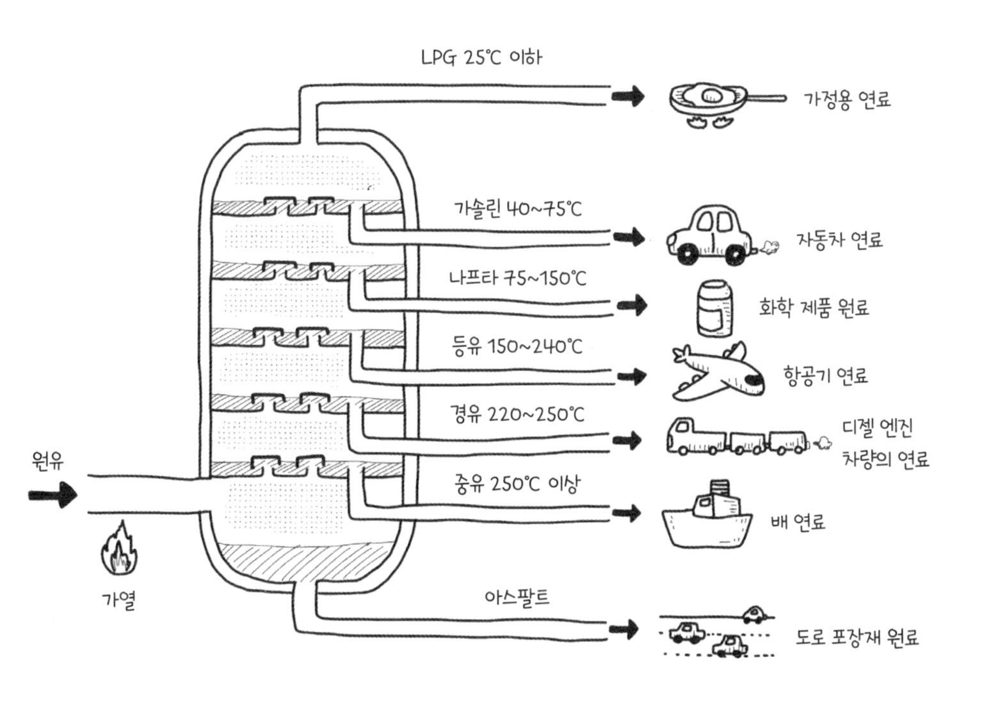

오일·가스 플랜트의 생산물은 석유화학 플랜트의 원료가 된다

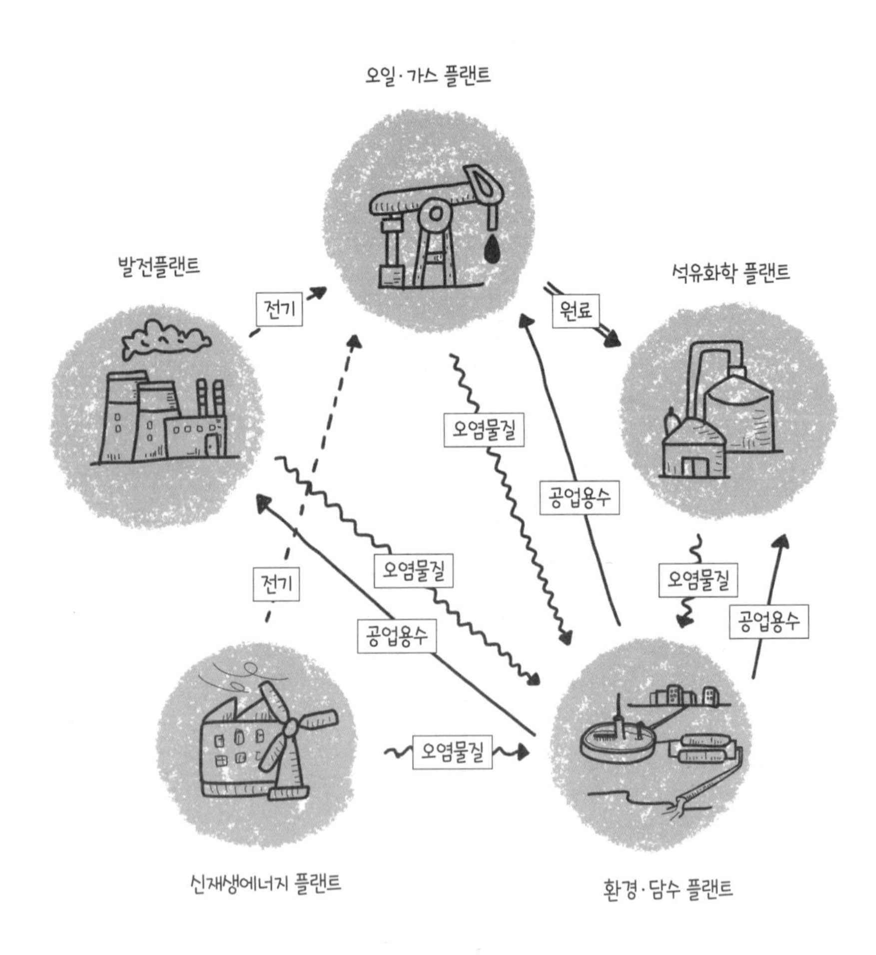

각 플랜트 분야는 서로 연결되어 있다

라스틱 물질을 만들 수 있다.

여기서 기억해야 할 것은 각 분야가 완전히 독립되어 있는 것이 아니라 유기적으로 연관되어 있다는 점이다. 원유와 가스생산 플랜트에서 나오는 생산물이 결국 석유화학 플랜트의 원료로 쓰이며, 발전플랜트에도 활용된다. 거꾸로 발전플랜트에서 생산되는 전기에너지는 다른 플랜트의 기계 장치를 움직이는 데 쓰인다. 또 환경플랜트는 다른 플랜트에서 나오는 각종 오염물질을 정화하는 데 활용된다. 이러한 이유로 플랜트는 옹기종기 모여 있는 것이 편리한데, 울산, 여수, 대산 등에 있는 산업단지만 봐도 알 수 있다.

전 세계 플랜트시장의 규모를 보면 발전플랜트와 오일·가스 플랜트가 2020년 현재를 기준으로 대략 70~80퍼센트를 차지하고 있으며, 석유화학 플랜트나 신재생에너지 플랜트 등이 나머지를 차지한다. 점점 심각해지는 지구온난화와 환경오염 문제로 인해 풍력이나 태양광 같은 신재생에너지 플랜트의 시장 규모가 점점 커지고는 있지만 아직은 오일이나 가스 같은 화석연료 기반의 플랜트가 우세하다. 그동안 금융위기나 셰일오일 개발로 인해 유가가 폭락하고 관련된 플랜트산업이 위축되기도 했지만 길게 보면 플랜트산업은 지속적으로 발전하고 있다. 오일·가스 분야의 경우 2014년부터 셰일오일 생산이 본격화되어 그 공급량이 크게 늘어났다. 특히 미국에서 대량으로 생산하고 있다. 과거에는 몇

십 년 후면 석유가 고갈될 것이라는 인식이 보통이었지만, 발전한 기술을 이용해 그동안 생산하기 어려웠던 오일과 가스를 뽑아내고 있다. 셰일오일과 셰일가스는 전 세계적으로 매장량이 어마어마한 것으로 파악되고 있어 앞으로도 활발하게 개발되고 사용될 것이다.

• 육상플랜트와 해양플랜트

플랜트는 기능에 따라 나누기도 하지만, 설치되는 장소에 따라 육상플랜트onshore plant와 해양플랜트offshore plant로 나눌 수 있다. 사실 육상플랜트든 해양플랜트든 핵심 시스템 자체에는 큰 차이가 없다. 설치되는 장소에 따라 다를 뿐이다. 오일·가스 플랜트라면 육상에서든 해양에서든, 뽑아낸 오일과 가스에서 불순물을 분리하고 정제하여 다음 단계에서 활용할 수 있는 원유나 천연가스를 생산하는 것이 주역할이다.

육지에 건설되는 육상플랜트는 오일과 가스, 석유화학, 발전, 담수 등 거의 모든 플랜트 분야에 걸쳐서 다양하게 건설된다. 육상플랜트 건설과정을 아주 간단히 살펴보면 다음과 같다. 플랜트를 짓기 위한 부지가 정해지면 콘크리트 바닥을 만드는 등 기초 토목공사를 하고 설계에 따라 구매한 장치와 배관 등을 운송해 와서 조립하여 완성한다. 플랜트가 완성된 다음에는 플랜트를 운영하면서 원하는 제품이나 에너지를 생산한다. 플랜트의 주인인 발주자가 플랜트 건설을 발주하면 전문 플랜트기업이 설계부터 건설까지 모두 맡아 진행한다. 발주자가 대부분의 권한을 플랜트기업에 위임하기 때문에 플랜트기업의 역량이 무엇보다도 중요하다.

바다에 설치되는 해양플랜트는 오일이나 가스생산에 그 영역이 집중되어 있다. 즉 해저에 있는 오일이나 가스를 뽑아내는 것이 해양플랜트의 주목적이다. 여기서 생산된 물질은 파이프라인이나 유조선을 통해 육지에 있는 석유화학 플랜트나 발전플랜트로 보내진다. 해양플랜트는 바다에 설치해야 하는 만큼 육상플랜트보다 투자와 운영에 드는 비용이 훨씬 크고 육지에 비해 환경조건도 좋지 않기 때문에 그만큼 사업위험성도 크다. 따라서 엑슨모빌이나 셸 같은 글로벌 오일·가스 전문기업이 아니라면 플랜트를 운영하기가 매우 어렵고, 플랜트를 건설하는 기업 또한 기술력이 높지 않으면 이 분야에 발을 디딜 수가 없다. 진입장벽이 상당히 높은 영역인 것이다.

오일과 가스를 생산하는 해양플랜트는 바다의 환경조건이 다양한 만큼 그 종류도 많은데, 보통 수심에 따라 나눌 수 있다. 수심이 100미터 정도 되는 비교적 얕은 바다에서는 해저부터 해상까지 재킷이라는 철구조물을 설치한 후 그 위에 플랜트를 얹는다. 이를 고정식 해양플랜트라고 부른다. 이런 플랜트는 우리나라에도 있는데, 동해에서 고정식 해양플랜트로 적은 양이지만 오일과 가스를 생산하고 있다.

수심이 좀더 깊어지면 재킷을 설치할 수 없기 때문에 플랜트가 바다 위에 둥둥 뜰 수 있도록 아래에 콘크리트 탱크나 타워형 구조물을 놓고 쇠파이프 같은 장치로 해저 바닥과 플랜트를 연결해 잡아준다. 이를 부유식 해양플랜트라고 부른다.

수심이 수킬로미터에 이르는 깊은 바다에 플랜트를 설치해야 할 때는 아예 선박 같은 모양의 플랜트를 활용한다. 이것이 FPSO Floating Production Storate and Offloading나 FPU Floating Production Unit라고 불리는 해양플랜트다. 수심이 깊은 곳에 설치되는 이러

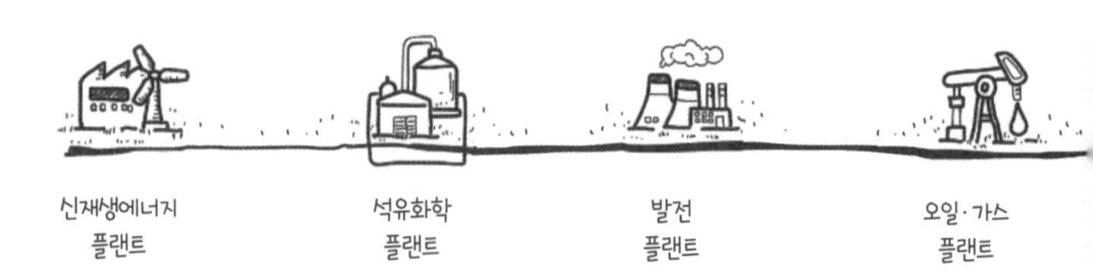

한 플랜트는, 생산한 원유나 가스를 파이프라인으로 운송할 수 없으므로 자체 저장탱크를 가지고 있는 경우가 많다. 보통 플랜트의 선박 모양 부분이 저장탱크 역할을 하고, 그 위에 플랜트를 얹는다.

육상플랜트가 건설부지에서 차근차근 건설되는 반면 해양플랜트는 주로 중공업회사(건설회사)의 야드yard에서 여러 플랜트 모듈을 만든 다음 배로 설치장소까지 가져가 건설한다. 야드란 해양플랜트 모듈이나 선박을 짓는 바다에 인접한 공사현장을 말한다. 해양플랜트는 비용을 절약하기 위해 좁은 공간 안에 매우 많은 장치를 설치하는 식으로 설계한다.

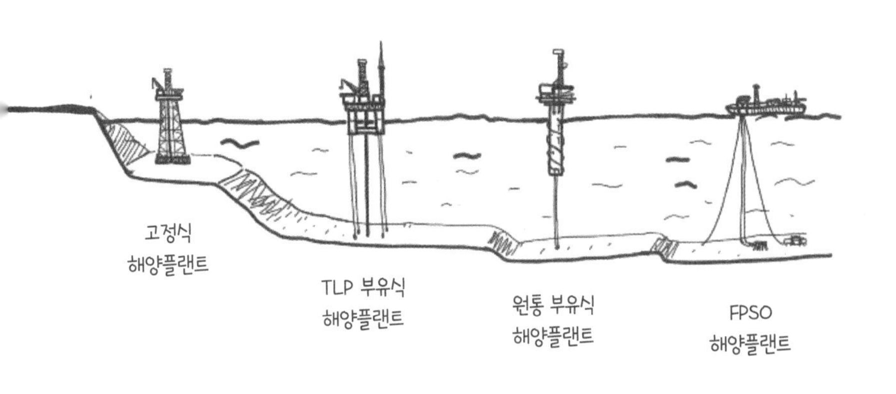

• 플랜트 건설의 3주체, 그리고……

이렇게 다양한 플랜트는 전문적인 플랜트기업이 건설한다. 플랜트와 관련된 이해관계자를 보면 보통 플랜트의 주인인 발주자client와 플랜트를 건설해주는 계약자contractor, 그리고 플랜트의 각종 장치를 만드는 벤더vendor로 나눠볼 수 있다. 오일·가스 분야에서 셸Shell, 브리티시 페트롤리움BP, 엑손모빌Exxon mobil 같은 매우 덩치가 큰 글로벌기업이나 중동의 사우디 아람코Saudi Aramco 같은 국영 석유회사가 주요 발주자다. 이 기업들을 주유소를 운영하는 회사 정도로 알고 있는 사람들이 많지만, 사실 이들은 막대한 자본으로 전 세계의 유전과 가스전을 개발하면서 엄청나게 돈을 벌어들이는 회사들이다. 최근에는 대량으로 생산되는 셰일오일로 유가가 떨어져 수입액이 조금 줄어들기는 했지만, 여전히 많은 돈을 벌어들이고 있다. 이 회사들은 플랜트를 운영해 오일과 가스를 생산하고 판매하는 것에 집중하며, 플랜트를 짓는 일은 건설회사나 중공업회사에 의뢰한다. 바로 이 기업들이 플랜트의 주인과 플랜트를 만들어주기로 계약하는 계약자다.

세계적으로 큰 매출 규모를 가진 글로벌 플랜트 건설회사로는 벡텔Bechtel, 플로어Fluor를 꼽을 수 있다. 우리에게는 조금 생소할 수 있는데, 우리나라에는 화석연료 자원이 거의 없어서 이 기업들이 사업할 일이 그다지 없기 때문이다. 우리나라에서는 삼성엔지니어링, GS건설, 대우건설이 주로 육상플랜트 건설사업을 하고 있고, 현대중공업, 삼성중공업 같은 회사들이 해양플랜트를 짓고 있다.

마지막으로 플랜트 건설에 없어서는 안 될 역할을 하는 곳이 바로 벤더다. 벤더는 각종 장치(플랜트에서 '장치'란 equipment라고 해서 펌프, 탱크처럼 큼직큼직한 기계 장치를 주로 가리킨다)나 패키지 장비를 만드는 업체이며, 플랜트를 구성하는 크고 작은 수많은 부품을 제작해 플랜트 건설사에 제공한다. 플랜트에서 쓰는 매우 큰 발전기는 제너럴 일렉트릭스[GE]나 지멘스[Siemens] 같은 글로벌기업에서 설계와 제작을 맡아 하며, 펌프는 효성굿스프링스나 현대중공업터보기계 같은 우리나라 기업에서도 활발하게 만들고 있다.

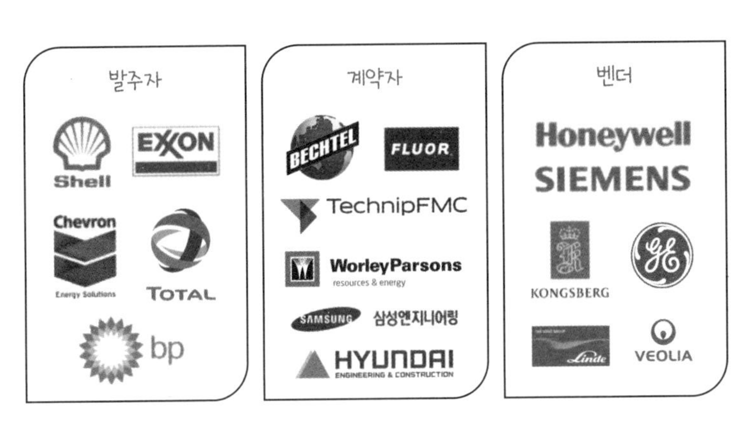

발주자-계약자-벤더

플랜트 건설에서 플랜트의 주인인 발주자는 물론이고 우리 회사와 같이 플랜트를 직접 설계하고 짓는 계약자, 각종 장치와 배관, 계기 등 수많은 구성품을 상세하게 설계하고 제작하고 공급해주는 벤더는 모두 매우 중요한 역할을 한다.

특히 발주자는 건설되는 플랜트를 수십 년간 운영하여 이윤을 내야 하기 때문에 계약자가 제대로 작업하는지 프로젝트를 수행하는 내내 면밀하게 검토하고 의견을 낸다. 계약자 입장에서는 까다로운 발주자를 만나면 대응하는 것이 보통 어려운 일이 아니지만, 프로젝트의 성공을 위해서라면 이들의 의견을 잘 듣고 제대로 반영해야 한다. 발주자의 의견을 귀담아 듣지 않다가 실제 운전에 들어가서 작동이 안 되는 등의 문제가 생기면 바로잡기가 매우 어려워지기 때문에 발주자와 늘 긴밀한 관계를 유지해야 한다.

계약자의 입장에서 발주자와의 관계와는 반대 관계에 있는 벤더와도 서로 소통을 잘 하고 계약자가 원하는 물품이 제때 제대로 납품될 수 있도록 관리해야 한다. 발주자-계약자-벤더, 세 주체가 서로 원활하게 소통하고 업무를 진행해야만 프로젝트가 성공적으로 완수될 수 있다. 특히 플랜트를 건설하는 계약자가 중간에서 프로젝트를 주도적으로 이끌어가야 하므로 계약자의 책임이 막중할 수밖에 없다.

그런데 사실 여기에 한 주체가 더 있다. EPC 플랜트 프로젝트

(설계, 구매, 건설 모두를 한 회사가 일괄적으로 맡아 제작하는 플랜트 프로젝트를 말한다)에서 우리나라는 세계적인 인정을 받고 있다. 그런데 아쉽게도 기본설계 부분에서는 여전히 미흡한 부분이 많다. 플랜트 기본설계에서의 핵심은 시스템을 어떻게 구성하고 어떤 기술을 적용할지 큰 그림을 그리는 것이다. 그림을 그릴 때도 처음에 밑그림을 그리는 것이 중요하듯이 시스템 구성과 핵심 기술 적용에서 애초에 잘못 잡혀버리면 이후 진행되는 상세설계는 모두 의미가 없다. 우리나라는 디테일을 챙기는 상세설계 능력은 뛰어나지만 아쉽게도 콘셉트를 잡는 기본설계는 여전히 부족하다.

이 때문에 세계적인 오일생산 플랜트나 가스생산 플랜트 발주자는 우리 회사 같은 EPC회사가 단독으로 프로젝트를 진행하는 것보다 전문 엔지니어링회사와 컨소시엄을 구성하는 것을 선호한다. 즉 엔지니어링을 전문으로 하는 회사와 컨소시엄을 구성하여 초기 기본설계는 엔지니어링 전문회사가 주도하고 후반의 상세설계와 건설을 위한 설계는 EPC회사가 수행하는 방식이다. 플랜트 강국이라고 불리는 우리나라에게는 자존심 상하는 이야기지만, 이 분야는 철저하게 실력으로 승부하는 세계이기 때문에 어쩔 수가 없다. 그래서 우리 회사도 해외 전문 엔지니어링사와 협업하여 프로젝트를 진행하곤 한다. 이렇게 발주자와 벤더 그리고 엔지니어링사와 함께 성공적으로 엔지니어링을 해낸 다음에야 비로소 우리가 원하는 플랜트가 건설되고, 완성된 플랜트에서 원료를 활용하여 생산물을 만들어낼 수 있다.

정해진 기간 안에 플랜트가 건설되기까지 수백 명 이상이 얼마나 큰 노력을 기울이는지 의심할 여지가 없을 것이다. 이 사람들 중에는 전문가도 있지만, 아무것도 모르는 백지상태의 신입사원도 있다. 살라맛 프로젝트를 시작할 당시 나는 고작 입사 2년차 엔지니어였고, 우리 프로세스2팀의 김채진 팀장님은 국내 유명 엔지니어링사에서 이미 20년 이상 설계와 운전을 했던 경험을 가지고 있으며, 우리 회사에서도 많은 프로젝트를 수행하면서 좋은 성과를 낸 베테랑이었다. 플랜트 건설에는 전문가의 역량이 매우 중요하지만, 나와 같은 초보 엔지니어도 적절한 역할을 해내면서 프로젝트에 기여하고 역량을 키운다.

• 플랜트를 만드는 플랜트 엔지니어링

우리 생활에 필요한 많은 재화를 생산하는 것이 플랜트고, 이 플랜트를 건설하기 위해 많은 기업들이 협력하고 있음을 설명했다. 그런데 아직 설명하지 않은 것이 있다. 플랜트를 건설하기 위한 핵심 기술인 플랜트 엔지니어링이다. 도대체 플랜트 엔지니어링이란 무엇일까?

플랜트 분야에서 엔지니어링이라고 하면 좁은 의미로는 설계를 가리키고, 넓은 의미로는 플랜트 프로젝트의 초기 연구와 기획부터 시작하여 최종 시운전까지 전 과정을 가리킨다. 플랜트 프로젝트는 EPC 형태로 진행되는 경우가 많은데, 여기서 E는 설계Engineering, P는 구매Procurement, C는 건설Construction을 의미한다. EPC 형태의 프로젝트는 설계부터 자재구매와 건설까지 한 회사가 일괄적으로 진행하는 방식이라서 회사 규모가 크지 않으면 수행하기 어렵다. 플랜트를 건설해주는 계약자가 프로젝트 전반을 모두 책임지고 대규모 인원이 많은 노력과 긴 시간을 쏟아붓기 때문에 아주 체계적이고 전문적인 기술이 필요하며, 그동안 쌓아온 경험도 정말 중요하다. 따라서 리스크도 크다.

전문가가 충분치 않은데 그저 일감 따내는 데 급급해서 낮은 가격으로 프로젝트를 수주했다가 나중에 낭패를 보는 일이 잦다. 이미 완성된 후 제대로 기능하지 못하는 플랜트를 수정하려면 막대한 비용이 들며, 플랜트 건설 프로젝트에서 이런 점이 대규모 적자요인이 될 정도다. 설계와 구매, 건설 등 각 세부 분야에서 EPC 전문가를 확보해야만 프로젝트를 성공적으로 완수하고 이윤을 창출할 수 있다.

프로젝트 시작단계에서 중요한 것은 설계다. 설계는 기본적으로 프로세스설계, 기초구조설계, 배관설계, 전기설계, 계장설계, 구조설계, 토목설계, 선장설계 등으로 나뉘는데, 전기설계와 계장

설계(Engineering)

장치와 구조 등에 대한
각종 계산과 도면 작성,
그리고 컴퓨터 시뮬레이션

구매(Procurement)

장치, 밸브 등 결정과 선정,
업체와 협상, 그리고
선정에 따른 구매와 관리

건설(Construction)

입고된 장치와 배관 등을
조립하고 연결하여
최종 플랜트 완성

설계, 구매, 건설을 모두 책임지는 EPC

설계를 합쳐 전계장설계라고 부른다. 이런 여러 설계 영역 가운데 선봉장 역할을 하는 설계 영역이 바로 프로세스설계(공정설계)와 기초구조설계다.

프로세스설계는 플랜트의 시스템을 디자인한다. 플랜트는 어떤 원료를 가지고 어떤 재화를 만드느냐에 따라 시스템이 달라진다. 프로세스설계에서의 '디자인'의 목적은 눈에 보이는 물리적인 형상을 만들어내는 것이 아니라 물질의 상태에 따라 시스템에 필요한 에너지나 물질의 양을 계산하는 것이다. 오일생산 플랜트를 예로 들어보자. 이 플랜트에서 원료는 해저 수십 킬로미터 아래 묻혀 있는 오일이다. 여기에는 오일만 있는 것이 아니라 모래, 가스, 물 등 여러 가지 불순물이나 부산물이 섞여 있다. 따라서 묻혀 있는 오일을 뽑아올린다고 바로 활용할 수 있는 것이 아니고 정제, 분리, 압축 등 여러 과정을 거쳐야 한다. 그렇다면 이 오일생산 플랜트에는 무엇이 필요할까?

우선 밸브가 필요하다. 오일이 모여 있는 유전은 압력이 매우 높기 때문에 무작정 뽑아내려고 하면 오일이 빠른 속도로 솟구쳐 올라온다. 이를 방지하기 위해서는 유전의 압력을 제어하고 조절할 수 있는 밸브 같은 장치가 필요하다. 이 밸브는 오일이 통과하는 공간을 넓혔다 좁혔다 하면서 우리가 원하는 압력으로 조절한다. 프로세스 엔지니어는 바로 그 공간의 사이즈를 계산한다. 이

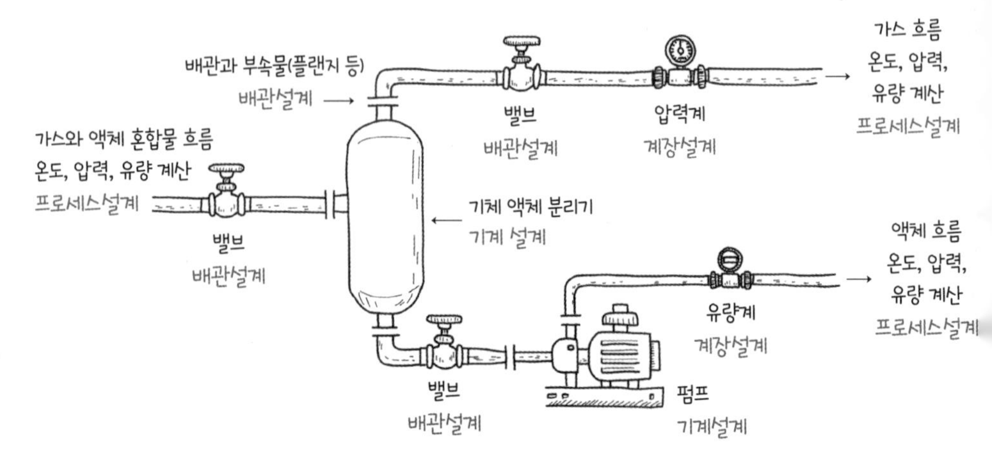

플랜트를 제작하려면 여러 설계 영역이 협력해야 한다

때 밸브 앞뒤의 압력, 온도, 유량 등의 여러 가지 조건을 함께 고려해야 한다.

오일을 뽑아냈다면 물이나 모래 등 각종 불순물을 제거해야 한다. 이때 오일혼합물의 온도가 너무 낮으면 제대로 분리되지 않으므로 열을 가해 온도를 높여줘야 한다. 난방기처럼 전기를 공급하거나 뜨거운 무언가를 넣어서 데워준다. 그런데 얼마만큼 뜨거운 걸 얼마나 넣어줘야 할까? 혼합물의 양과 온도에 따라 다를 것이다. 프로세스 엔지니어는 이때 필요한 열매체heating medium의 양과 온도를 계산해야 한다. 이렇듯 프로세스 엔지니어는 눈에 보이지 않는 개념적인 사항을 계산해 필요한 원료와 에너지의 양, 압력과 온도 같은 상태를 결정한 후 이를 후속 단계인 기계설계, 전기설계, 계장설계 등에 넘겨서 세부 장치를 설계하고 구매할 수 있도록한다.

프로세스설계와 마찬가지로 설계의 선봉장 역할을 하는 기초구조설계는 플랜트의 지지대와 뼈대에 관한 설계를 주로 한다. 철골구조로 되어 있는 플랜트가 수많은 장치와 배관, 그 안을 흐르는 여러 액체와 기체물질의 무게를 지탱하려면 각종 구조 빔과 철재로 만든 바닥 등이 그에 맞게 설계돼야 한다. 특히 가스나 액체는 온도와 압력에 따라 그 양이 달라지기 때문에 제일 무거운 무게를 기준으로 설계된다. 이렇게 기초구조에 대한 설계가 마무리돼야 후속으로 세부적인 보강재, 지지대 등의 설계가 이루어진다.

여기까지가 프로세스 그리고 기초구조설계부서의 업무다. 프로세스설계와 기초구조설계가 원리에 기반을 둔 계산작업 위주라면, 배관, 기계, 계장 등의 후속 설계는 플랜트 실제 설비의 세부 사항을 설계하며, 장치구매는 이 설계에 따라 이루어진다.

기계설계부는 프로세스설계가 완료돼 플랜트 건설에 필요한 펌프, 압력용기, 압축기 등의 장치가 결정되면 설계압력과 온도, 활용해야 할 재질 등 각 장치의 스펙이 아주 상세하게 적힌 데이터시트를 작성하고 이를 기반으로 장치를 구매한다. 배관설계부는 장치와 장치 사이를 이어주는 배관, 유체의 흐름을 제어할 수 있도록 열고 닫을 수 있는 밸브, 구불구불한 배관을 적시적소에 이어주는 티tee 혹은 엘보elbow, 배관을 지탱하는 서포트support, 각종 호스, 연결부위 피팅fittings 등 수많은 배관구성물의 세부 사양과 크기를 정하고 이를 구매한다. 전계장설계부는 배관 중간에 설치되어 온도, 압력, 유량 등을 측정하는 각종 센서와 계기, 계기로부터 중앙컴퓨터 제어장치로 신호를 전송하는 데이터 케이블, 장치에 전기를 공급할 전선 등을 상세하게 설계하고 구매한다. 이 부서들은 셀 수 없이 많은 아이템을 다뤄야 하기 때문에 프로세스설계와 기초구조설계에 비해 많은 인원이 필요하다. 보통은 협력업체 직원들을 고용해 일을 처리한다.

플랜트 건설 시작단계에서 많은 설계담당자들은 정보를 주고받으며 유기적으로 업무를 수행하며, 자신이 담당한 설계가 끝났다고 업무가 끝나는 것이 아니라 뒤이은 구매와 건설까지 프로젝트 전반에 걸쳐 많은 신경을 쓴다. 특히 건설단계에 들어서 실제로 장치를 조립하거나 배관이나 계기를 설치하다 보면 연결부위가 제대로 맞지 않는 등의 문제가 수없이 발생하고, 제작을 끝내고 막상 운전을 해보니 예상하던 대로 작동이 안 되는 경우도 있다. 이럴 때는 설계담당자가 현장작업자와 논의하여 즉각적인 해결책을 제시해야 한다. 해결이 늦어질수록 다음 작업에 나쁜 영향을 주기 때문에 매우 신속해야 한다.

• 우리나라의 플랜트산업

지금까지 플랜트 엔지니어링에 대해 간단히 살펴봤다. 간단히 설명한다고는 했는데, 약간 길어진 듯하여 독자 여러분이 벌써 지치지 않았기를 바란다.

마지막으로 우리나라의 플랜트 산업에 대해서 간단히 짚어보고 싶다. 우리나라 플랜트산업의 시작은 1950년대로 거슬러 올라간다. 전쟁으로 모든 것이 파괴되어 아무것도 없는 상황에서 대한석유공사와 여러 설계사무소가 창립되면서 플랜트산업의 기초를 닦았다. 당시 직접 플랜트를 지을 기술이 없던 우리나라는 해외 플랜트 공장의 운영서비스나 유지보수서비스, 하청공사들을 따내 해외 플랜트 경험을 축적하기 시작했다. 그렇게 기초를 닦아가던 중 국가 주도로 정유와 석유화학산업을 본격적으로 추진하면서 1964년 울산에 국내 최초의 정유공장이 준공되었다.

앞에서 살펴본 대로 정유공장은 원유를 휘발유나 경유 등 유용한 연료와 물질로 분리하는 핵심적인 플랜트다. 우리나라는 정유공장 설립으로 석유화학산업에서 성공적으로 첫 단추를 끼웠고, 이것은 우리나라의 눈부신 경제발전의 원동력이 되었다. 울산에 석유화학 플랜트가 잇따라 건설되면서 석유화학 단지를 이루었고, 여수에도 산업단지가 추가로 조성되는 등 국가의 육성정책에 힘입어 우리나라 중화학산업은 폭발적으로 성장했다.

독자적으로 플랜트를 설계하고 건설하기에는 여전히 부족했지만, 벡텔 같은 최고 실력을 자랑하는 외국계 회사의 플랜트 공사에 계속 참여하면서 기술력을 키워나갔고, 1980년대에는 플랜트를 직접 설계하고 건설할 수 있는 실력을 갖추게 되었다. 그 후로는 석유화학뿐만 아니라 발전이나 환경 같은 분야에서도 해외의 각종 대형 플랜트 공사를 수행할 수 있을 정도로 실력이 크게 늘었다. 1990년대 들어 우리나라의 플랜트 설계와 건설기술은 세계적으로 인정받기 시작했고, 국가 경제성장에 기여하고 있다.

다만 현재 우리 플랜트산업은 해결해야 할 많은 과제를 안고 있기도 하다. 치열한 경쟁과 저유가로 인해 침체된 플랜트산업에서 새로운 돌파구를 찾아야 하는 과제, 인도나 동남아시아의 저렴한 인건비와 경쟁해야 하는 문제, 앞서 언급했듯이 플랜트 기본설계 역량을 키워야 하는 과제 등이 그렇다. 그렇지만 언제나 그랬듯이 우리는 우수한 인력과 굽히지 않는 의지를 바탕으로 이 위기를 기회로 삼을 수 있을 것이다.

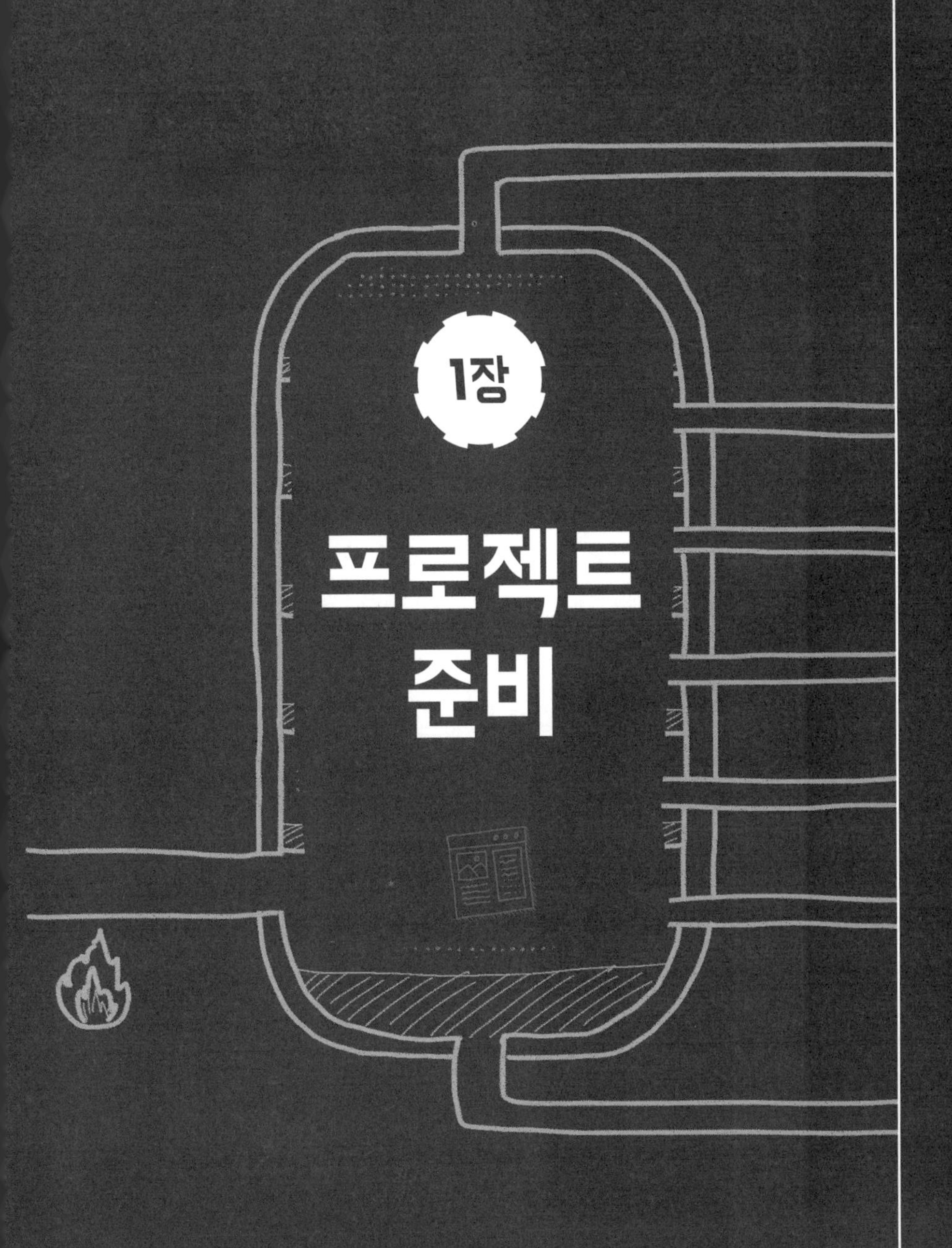

1장

프로젝트 준비

초보 엔지니어가 처음으로 맡은 그럴듯한 업무

2009년 7월, 부푼 꿈을 안고 프로세스 엔지니어로 회사에 입사한 지 어느덧 2년. 대학시절 인턴을 하면서 해양플랜트에 매료되었고 드디어 세계 최대 규모의 중공업사 엔지니어링팀에 합류하여 프로세스 엔지니어로서 기초를 다지고 있었다.

입사한 후 처음 배치된 부서는 프로세스설계부. 세 팀으로 이루어진 부서 내에서도 프로세스2팀으로 배치되었다. 우리 팀은 해양플랜트 중에서도 해저 바닥에 재킷구조물을 설치하고 이 위에 플랫폼을 얹는 형태의 플랜트 공사를 주로 수행하는 팀이다. 주로 원유와 가스를 생산하는 플랜트를 만드는데, 이 플랜트는 각종 불순물이 섞인 원유나 가스혼합물을 뽑아낸 다음 정제해 판매할 수 있도록 만든다.

신입사원 시절 부서에 배치된 후 내게 주어진 업무는 문서관리와 배포업무였다. 프로젝트를 수행하면 발주자, 계약자, 엔지니어링업체, 벤더업체 간에 정말 많은 문서들이 오가는데, 모든 문서가 프로세스설계에 활용되는 것은 아니므로 잘 선별해야 한다. 당시 우리 회사는 나이지리아 오일생산 프로젝트를 진행하고 있었고, 그 기본설계를 프랑스 엔지니어링업체인 오리스 엔지니어링에서 맡고 있었다. 아침에 출근하면 밤새 프랑스로부터 관련 문서들이 쏟아져 들어와 있었다. 그렇게 많은 문서 중에서 필요한 것들을 선별해 접수한 후 검토해야 했다. 이중에서 중요한 것은 프로젝트관리부서에서 나오는 프로젝트 일정이나 발주자가 보낸 중요 레터, 배관설계부에서 나오는 플랜트장치 배치도나 배관재질사양서 등이었다. 이 문서들은 프로세스설계에서 아주 중요하므로 반드시 모든 담당자가 공유해야 했다.

아직 신입사원이었기에 프로젝트가 어떻게 흘러가는지 감도 못 잡고 있던 때라 당시 리드 엔지니어Lead Engineer였던 사하 차장님이 지시하는 대로 접수하고 복사하여 선배 엔지니어들에게 배포했다. 프로세스설계를 책임지는 리드 엔지니어인 사하 차장님은 인도 출신인데 우리 회사에 고용되어 일하고 있었다. 아무것도 모르는 나에게 설계의 기초를 많이 알려주었고, 특히 매일 영어로 대화한 덕분에 영어실력도 자연스럽게 좋아졌다.

사하 차장님이 접수를 지시하는 문서와 도면 중에서 특히 중요한 것은 모두가 공통으로 참조하는 바인더에도 꽂아서 함께 참조하고 활용할 수 있도록 했다. 지금은 용지를 절약하기 위해 정말 중요한 문서만 출력하여 보관하지만 당시에는 일일이 출력해서 공유했다. 문서배포와 관리업무를 하면서 손도 많이 베이고 시도때도 없이 걸리는 용지를 제거하느라 복사기 수리의 달인이 될 정도였지만, 다양한 설계물을 접한 덕분에 프로세스설계뿐만 아니라 다른 설계 영역도 눈에 익힐 수 있었고, 프로젝트관리부서에서 어떻게 프로젝트를 진행하는지 한눈에 파악할 수 있어 좋은 경험이 되었다.

그렇게 매일 문서와 씨름하던 나에게도 드디어 플랜트의 작은 시스템을 담당할 수 있는 기회가 주어졌다. 이제야 프로젝트의 정식 일원이 된 듯한 느낌이었다. 플랜트를 구성하는 시스템은 크게 공정시스템과 유틸리티시스템, 두 가지로 나눌 수 있다.

공정시스템이란 원료를 통과시키면서 이를 처리하고 원하는 생산물을 만들어낼 수 있도록 하는 시스템이다. 원유생산 플랜트라면 유전에서 뽑아낸 각종 불순물이 섞인 오일을 데우고, 분리하고, 각 분리물을 다시 정제하고 처리하는 일련의 시스템이 공정시스템이다. 반면 유틸리티시스템은 공정시스템을 보조해 각종 장치와 밸브에 활용되는 공기, 냉각수, 질소, 전기 등을 생산하는 시스템이다. 나는 유틸리티시스템 중에서 플랜트에 공기를 공급하는 시스템을 담당하게 되었다. 이 시스템에서 생산되는 공기는 각종 자동밸브를 열고 닫는 데 활용되고, 질소를 만드는 데 원료로 쓰이며, 곳곳에 위치한 공기호스를 통해 공급되어 작업자들이 활용한다. 아직은 설계의 주체가 기본설계를 담당한 오리스 엔지니어링이었기 때문에 나는 설계도를 검토한 후 의견을 송부하는 작업 위주로 업무를 진행했다. 하지만 이 작은 역할 역시 쉬운 일은 아니었다. 해외 엔지니어링회사의 용역비가 비싸고 프로젝트가 매우 촉박한 일정으로 진행되고 있었기 때문에 숨어 있는 실수를 최대한 빨리 찾아내 수정해야 했다. 도면에 장치의 크기가 하나라도 잘못 적혀 있다거나 안전밸브가 누락되어 있다가 실제 건설할 때 그대로 반영돼버리면 큰 문제가 생기므로 초기에 바로 잡아야 한다.

이렇게 몇몇 작은 유틸리티시스템을 담당하다가 일이 진행됨에 따라 담당하는 시스템이 점점 늘어났고 결국 대부분의 유틸리티시스템을 담당하게 되었다. 책임 영역이 점점 늘어나 부담도 커졌지만, 여전히 중요한 사항은 사하 차장님이 결정해주었기 때문에 마음의 부담은 덜했다.

오리스 엔지니어링의 초기설계가 모두 마무리되어 모든 책임이 우리 쪽으로 인계된 후에는 플랜트 건설을 위한 상세설계가 시작되었다. 중요한 기본설계 사항들이 대부분 확정되었다고 해도 여전히 매일 많은 사항이 변경되고 바쁜 나날이 지속되었다. 특히 나는 유틸리티시스템을 담당하고 있어서 다른 부서의 자잘한 요청사항이 많았다.

당시 나는 담당업무 외에 플랜트의 중심인 원유와 가스가 처리되는 시스템에 대해서도 꾸준히 공부하고 있었다. 플랜트의 프로세스설계를 총괄하는 리드 엔지니어가 되려면 결국 모든 공정에 대해 알아야 하기 때문이다. 다른 모든 분야가 그렇겠지만 진정한 전문가가 되는 길은 쉽지 않다. 공부를 해도 뭔가 와닿지 않고 감을 잡기 어려웠다. 시스템이나 장치의 주요 요구조건을 기술한 표준서도 한두 개가 아닌데다, 표준서 하나도 제대로 이해하려면 많은 시간을 쏟아야 했고 심지어 영어로 빽빽하게 작성되어 있었다. 그때 내 롤모델은 사하 차장님이었다. 문단 하나도 제대로 이해하기 어려운 표준서를 이해하고, 수많은 문제를 척척 해결해나가며, 그렇게 바쁜 와중에도 발주자나 다른 부서 사람들까지 상대하는 모습을 보면서 꼭 사하 차장님 같은 엔지니어가 돼야겠다고 마음을 다잡고는 했다.

말레이시아에서 시작되는 새로운 프로젝트

무더운 늦여름의 어느날, 짠내 나는 바닷가 근처 기숙사에서 나와 땀을 삘삘 흘리며 회사에 출근하니 메일함에 특별한 소식이 도착해 있었다. 말레이시아 해상에 설치될 가스생산 해양플랜트가 발주될 예정이고, 우리 회사도 입찰에 참여할 것이라는 영업부 메일이었다. 우리나라의 자원개발회사인 탑 E&P가 가장 많은 지분을 보유하고 투자하는 이 프로젝트를 위해 우리 회사를 비롯해 주요 중공업회사에 입찰초청이 들어온 것이다.

탑 E&P는 탑 인터내셔널이라는 해외개발과 무역을 위주로 하는 국내 대기업의 계열사로, 해외자원개발을 위해 별도로 설립된 일종의 자회사다. 말레이시아 정부로부터 해저자원 탐사권을 확보한 후 몇 년 동안이나 해상 가스전 지대를 탐사하고 시추하면서 갖은 고생을 다 하다가 포기하려던 찰나 마침내 대량의 가스가 뿜어져나오는 가스전을 발견했다고 한다. 가스전을 발견했다고 모두 개발로 이어지는 것은 아닌데, 추가로 몇 차례 더 시추해봤더니 상업성이 매우 높은 가스전으로 판명되어 본격적으로 가스를 생산할 플랜트를 발주하게 된 것이다. 바로 살라맛 프로젝트의 시작이다.

살라맛 프로젝트는 석유를 생산하는 나이지리아 오일생산시스템과는 달리 천연가스가 주요 생산물이다. 천연가스의 경우 가스를 뽑아낸 후 깨끗하게 처리한 뒤 파이프라인을 통해 특정 지역에 공급한다. 또 우리나라처럼 지리적으로 고립된 곳에 공급하기 위해서는 천연가스를 액체로 만들기 위한 액화천연가스LNG 플랜트가 별도로 필요하다. 살라맛 프로젝트의 경우에는 생산된 가스가 파이프라인을 통해 싱가포르로 이송될 예정이었기에 필요한 주요 공정은 가스분리, 수분제거, 압축 등이었다.

막 뽑아올린 가스에는 각종 오일과 물, 모래 등이 섞여 있기 때문에 분리기를 통과시켜 각각 분리해줘야 한다. 어느 정도 액체가 제거되어도 가스에는 여전히 물과 오일 성분이 미세하게 함유되어 있다. 이를 제거하기 위해서는 극건조 상태로 만들어야 하며, 제습제를 사용하거나 온도를 낮춰 다시 한 번 최대한 액체를 빼낸다. 그런데 천연가스가 이런 처리를 거치고 나면 수분이 빠지는 것과 함께 압력도 낮아져 짧게는 수십 킬로미터에서 길면 수백 킬로미터에 이르는 파이프라인을 지나가기가 힘들어진다. 이럴 때는 압축기를 사용해 압력을 다시 올려서 최종 목적지로 보낸다. 한편 가스에서 분리된 물과 오일의 일부는 버리지 않고 적절하게 처리한 뒤 단일 물질로 만들어 판매한다.

우리나라에 있는 각종 석유화학 플랜트는 화학물질을 붙였다 뗐다 하는 여러 가지 화학반응이나, 원유를 가솔린, 경유, 나프타 등 다양한 물질로 분리시키는 증류를 이용해야 해서 시스템이 전반적으로 복잡하다. 이에 비해 살라맛 프로젝트는 공정시스템 측면만 보자면 복잡한 화학반응이나 증류가 없고 물리적인 분리나 압축 등이 대부분이어서 비교적 단순하다고 볼 수 있다. 그러나 해상에 설치되어야 하는 만큼 밀도 있게 압축적으로 설계하고 제작해야만 건설비를 최소화할 수 있으므로 많은 노력이 필요했다.

보통 이런 플랜트 건설 프로젝트에서는 가격을 적어내는 본격적인 입찰(투찰) 전에 공사를 희망한 여러 업체 중에서 두 개의 EPC업체를 선정한다. 두 업체가 각각 6개월 동안 기본 FEED Front End Engineering Design설계를 하여 프로젝트 비용을 산출한 뒤 그 비용을 놓고 경쟁하는 방식으로 입찰이 진행된다. FEED설계란 플랜트를 지을 때 들어가는 비용이 어느 정도나 될지 파악하기 위한 기본설계다. 보통은 발주자가 엔지니어링사를 고용하여 수행한 후 입찰에 부치는데, 이번 프로젝트에서는 특이하게 EPC사에게 입찰 전에 FEED설계부터 맡기는 방식으로 진행했다.

국내기업의 프로젝트 발주이기 때문에 아무래도 상황을 잘 알 수 있는 우리나라 EPC기업이 수주에 유리할 것이라 예측되긴 했지만, 우리나라 EPC기업의 기본설계에 대한 기술력이 신뢰받지 못하는 상황이라 해외의 전문 엔지니어링사와 컨소시엄을 이루어야 했다. 이런 이유로 우리 회사는 나이지리아 프로젝트 때 기본설계와 초기 상세설계를 맡았던 프랑스의 오리스 엔지니어링과 손을 잡기로 했다. 우리의 경쟁 컨소시엄 중 한 곳은 삼성중공업과 프랑스의 테크닙이라고 했다. 테크닙은 이미 전 세계적으로 수많은 해양플랜트의 EPC 프로젝트를 수행해왔고, 우리가 협업하고 있는 오리스 엔지니어링보다 훨씬 큰 회사여서 만만치 않은 경쟁상대였다. 그래도 우리는 자신 있었다. 오리스 엔지니어링이 규모는 작아도 프랑스의 거대 석유기업인 토탈의 여러 해양플랜트를 포함해 많은 프로젝트를 수행한 경험이 있기 때문이다. 설계기술 경쟁력은 테크닙에 뒤지지 않는 곳이다. 우리와 삼성중공업 말고도 싱가포르 EPC기업도 공사에 도전한다는 소문이 있었으나 경쟁상대가 될 것 같지는 않았다.

입찰공지가 온 후 우리 컨소시엄은 그동안의 공사실적 등을 정리하여 제출했다. 한 달을 기다린 끝에 기본 FEED설계를 할 두 업체로 우리 컨소시엄과 삼성중공업 컨소시엄이 선정되었다는 소식

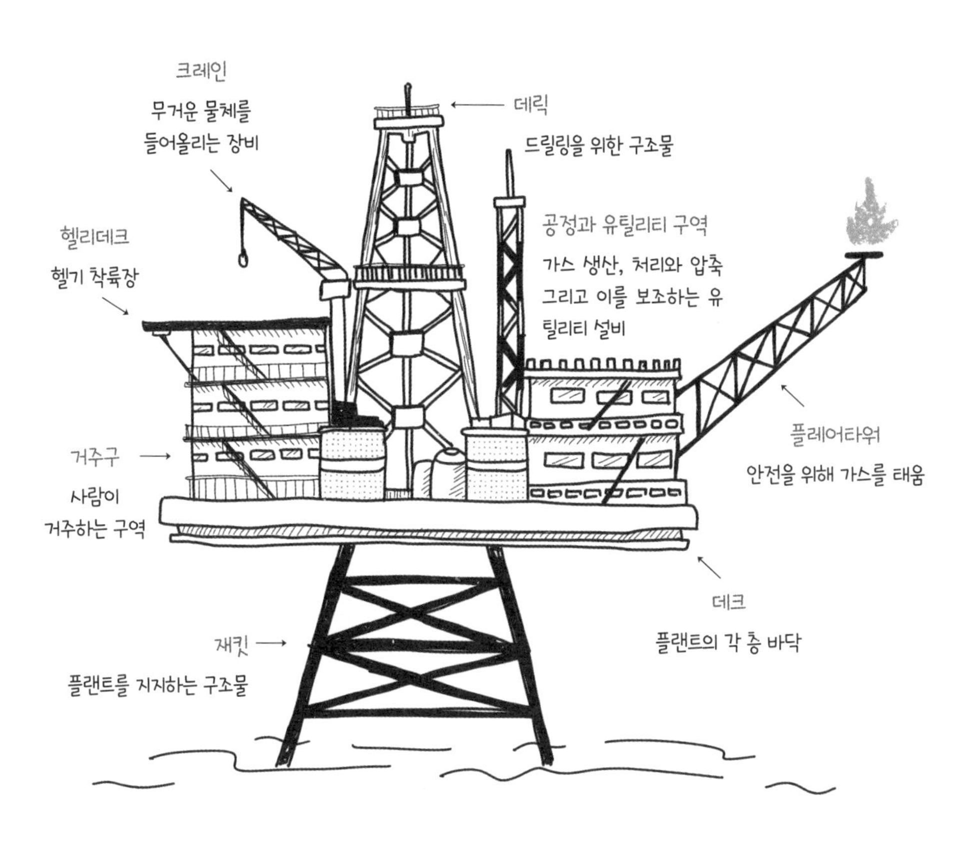
크레인
무거운 물체를
들어올리는 장비
데릭
드릴링을 위한 구조물
헬리데크
헬기 착륙장
공정과 유틸리티 구역
가스 생산, 처리와 압축
그리고 이를 보조하는 유
틸리티 설비
거주구
사람이
거주하는 구역
플레어타워
안전을 위해 가스를 태움
데크
플랜트의 각 층 바닥
재킷
플랜트를 지지하는 구조물

해양플랜트의 구조

이 들려왔다. 이제부터 새로운 프로젝트의 입찰준비가 시작될 것이다.

무엇을 하든 시작은 팀을 구성하는 것이다. 영업부로부터 각 부서에 프로젝트 입찰준비팀을 만들라는 공지가 날아왔다. 프로세스설계부의 세 개 팀 중에서 내가 속해 있는 프로세스2팀이 고정식 플랫폼형 해양플랜트를 담당하고 있었고, 마침 수행하고 있던 나이지리아 프로젝트의 프로세스설계가 어느 정도 마무리단계에 들어섰기 때문에 우리 팀이 말레이시아 프로젝트를 새롭게 맡기로 결정되었다. 당장 급한 것은 프랑스에 있는 오리스 엔지니어링과 설계작업에서 협업할 파견자를 선정하는 것이었다. 기본 FEED설계는 플랜트의 가격을 결정짓고 프로젝트 수주의 성패를 가르는 매우 중요한 작업이므로 실력자가 수행해야 했다. 이에 따라 팀장인 김채진 차장님(프로세스설계 리드 엔지니어, 나중에 부장으로 승진했다)이 6개월 동안 파견을 가고 나머지는 본사에서 지원하게 되었다.

나는 본사에서 나이지리아 공사의 후속 상세설계를 계속 담당하면서 말레이시아 공사에는 보조로 참여하게 되었다. 보조라고 하지만 두 공사 모두 실수 없이 진행해야 하므로 허투루 할 수 없었다. 현장작업이 한창 진행 중인 나이지리아 공사는 배관설계부나 계장설계부에서 돌발적으로 발생한 문제들을 가지고 올 수 있고, 이런 경우 빠른 대응이 필요하다. 반면 말레이시아 공사의 기본 FEED설계는 오리스 엔지니어링이 주도하여 진행하고 있기는 해도 우리는 쏟아져 들어오는 설계문서와 도면을 면밀히 검토하고 의견을 줘야 한다.

아무리 오리스 엔지니어링이 우수한 엔지니어링회사라고 해도 실제 건설까지 해본 것은 아니기 때문에 현장작업에서 발생하는 문제를 예상하지 못하는 경우가 있다. 예를 들어 기본설계에서 사람의 이동경로를 제대로 고려하지 않고 개념에만 의존해 장치를 설계해버리면 플랜트 기능상으로는 문제가 없더라도 실제로는 사람이 들어가서 작업을 못할 수도 있다. 또한 자재를 다시 구매해야 하거나 현장작업이 지체되는 등의 리스크도 생길 수 있다.

두 프로젝트에 몸담고 있느라 하루가 어떻게 가는지도 모를 정도로 정신이 없었지만, 말레이시아 살라맛 프로젝트는 입사 후 처음으로 시작단계부터 참여하는 프로젝트라 설레기도 했다.

프로젝트의 성패를 좌우하는 입찰가격

말레이시아 프로젝트 입찰을 위한 기본 FEED설계가 본격적으로 시작된 데다 나이지리아 공사의 후속 조치까지 밀려들어서 바쁜 나날을 보내고 있었다. 그러던 중 나이지리아 공사에 이상 징후가 발생했다. 나이지리아의 불안정한 정치상황에 더해 기존에 설치되어 운영되던 노후한 해양플랜트의 운전 연장이 결정되면서 우리 공사가 잠정 중단될지도 모른다는 것이었다. 본격적으로 조립작업을 시작해야 하는 마당에 중단이라니, 이미 플랜트에 설치될 많은 자재와 장치들이 입고된 후라서 공사가 중단되면 발주자의 피해가 클 것이다. 하지만 그들도 어떻게 할 수 없는 상황이었다(결국 이 공사는 거의 2년간 중지되었다 재개되어 녹슨 설비를 보수한 후 겨우 마무리할 수 있었다).

한편 파리에 있는 김채진 차장님의 진도 보고에 따르면, 다행스럽게도 말레이시아 살라맛 프로젝트의 기본 FEED설계는 오리스 엔지니어링과 워낙 궁합이 잘 맞아서 순조롭게 진행되고 있었다. 입찰설계가 마무리되면 우리 경쟁자인 삼성중공업 컨소시엄과 함께 투찰을 하고 발주자는 가격을 비교하여 보다 저가로 제출한 컨소시엄을 선정한다. 두 컨소시엄 모두 해외의 전문 엔지니어링회사와 함께 진행하고 있으므로 기술적인 성능에서는 별반 차이가 없을 것이다. 결국 승패를 가르는 것은 프로젝트 비용이다. 같은 성능의 플랜트를 더 저렴하게 설계하고 제작할 수 있는 컨소시엄이 이기는 것이다.

삼성중공업 컨소시엄 역시 프랑스 파리에 있는 테크닙 본사에서 입찰설계를 하고 있어 우리 쪽과 불과 지하철 몇 정거장 사이를 둘 만큼 가까이 있었지만, 두 컨소시엄 간의 교류는 거의 없었다. 입찰가격이 수주의 성패를 가르는 만큼 서로의 플랜트 가격은 극도로 중요한 대외비다. 다만 발주처 프로젝트팀에서 각 컨소시엄에 한 명씩 파견한 엔지니어가 모든 설계사항을 검토하고 있기 때문에 발주자는 두 컨소시엄의 상황을 모두 알고 있다. 발주처 프로젝트관리 엔지니어도 대개는 프로젝트에 따라 고용된다. 이들은 컨소시엄이나 계약자가 일을 잘 하고 있는지 관리할 뿐만 아니라 여기서 나오는 각종 설계도면을 기술적으로 검토하는 등 많은 업무를 해야 해서 항상 바쁘다. 프로젝트 시작 전이라 어디에 매인 몸은 아닐지라도 입찰가는 워낙 민감한 사항인 만큼 이들도 절대 상대측의 내용은 입 밖에 내지 않는다.

발주자인 탑 E&P에서는 이번 입찰설계 중 프로세스설계를 위해 경력이 풍부한 시니어 엔지니어를 각 컨소시엄에 파견했다. 한 명은 앤드루 리빙스턴이라는 오스트레일리아 사람인데 액화천연가스 공장을 비롯하여 경력이 매우 풍부한 엔지니어다. 다른 한 명은 피터 챙이라는 말레이시아 사람으로 동남아 쪽 국영 석유회사에 오랫동안 근무하며 오일과 가스 분야에서 많은 경력을 쌓은 엔지니어다. 두 사람 모두 프로젝트 계약직으로 일하고 있고, 이들과 별도로 발주자인 탑 E&P에서 한국인 직원을 보내 프로젝트를 관리한다. 본사에서 보조업무를 할 때 나는 본 적도 없는 이들의 존재감을 회의록이나 도면, 문서에 달려 있는 각종 의견으로 강렬하게 느끼곤 했다.

입찰을 위한 기본 FEED설계는 무리 없이 막바지를 향하고 있었다. 중요한 설계문서와 도면은 대부분 완성됐고, 플랜트 전체의 가격을 추산하는 작업이 남았다. 플랜트의 가격 산정은 입찰이 성공하느냐 실패하느냐를 가르는 매우 중요한 작업이다.

입찰할 때 제출하는 금액이 곧 공사비의 전부이기 때문에 가격을 너무 낮게 추산하면 결국 회사가 손해를 보면서 공사를 완성해야 한다. 공사 완료까지 들어갈 돈이 13억 달러인 프로젝트를

12억 달러로 저가에 수주하면 1억 달러는 고스란히 손실이 된다. 그렇다고 공사비를 너무 높게 추산하면 경쟁사와의 경쟁에서 질 수도 있다. 따라서 프로젝트 입찰은 최대한 정확하게 공사비용을 산정하고 적절한 이윤을 반영하여 입찰가격을 정해야 하는 고도로 세심한 작업이다. 예전에 우리 회사는 프로젝트 낙찰을 위해 입찰가격을 너무 낮게 냈다가 큰 손실을 본 적이 있다고 한다.

프로젝트를 진행할 때 발주자가 계약서에 없던 사항을 추가로 요구하면 계약자가 일단 반영한 다음 추가로 들어간 금액을 받을 수 있다. 그러나 발주자가 내세우는 계약조건이 워낙 까다롭고 복잡하기 때문에 자칫하면 한 푼도 못 받고 다 뒤집어쓸 수도 있다. 프로젝트를 계약할 때 주고받는 계약서는 꼼꼼하게 작성되고 검토되기는 하지만, 애매한 조항이나 악성 조항이 숨어 있을 때도 있다. 이를 발견하지 못하고 프로젝트를 진행하면 낭패를 겪을 수 있다. 예를 들어 이런 상황이다. 우리 회사가 12억 달러에 어떤 플랜트를 전부 지어주기로 계약했다. 그런데 프로젝트가 진행될수록 발주자는 더 고급스럽게 만들고 싶어 이것저것 추가하자고 요구한다. 이런 발주자의 계약조건을 제대로 검토하지 않은 채 모두 수용해주면 플랜트 제작비용이 12억 달러를 넘겼어도 보상받지 못해 손해를 볼 수도 있다.

이번 살라맛 프로젝트의 경우에는 그래도 입찰설계를 우리 같은 플랜트 건설 계약자가 직접 진행하므로 상대적으로 시간도 많고 예상되는 리스크도 최대한 발견해 사전에 수정하고 반영할 수 있지만, 대부분의 공사는 입찰기간이 한두 달로 매우 짧고 다른 공사와 동시에 수행하느라 입찰가격을 추산하는 데 많은 인원을 동원하지 못한다. 이렇게 되면 숨어 있는 불리한 계약조건을 발견하기 어렵고, 결국 추가금액도 청구하지 못해 계약자가 그대로 책임져야 하는 일이 생긴다.

대형 플랜트 프로젝트를 하다 보면 이런 잠재적인 위험요소가 곳곳에 도사리고 있으므로 정신을 바짝 차려야 한다. 그런데 이런 일 말고도 힘든 일이 또 있으니, 발주처 프로젝트관리 엔지니어와 논쟁하는 일이다. 프로젝트를 완수해야 한다는 목표는 같아도 이들은 발주자 입장에서, 우리는 계약자 입장에서 마주보고 있으므로 프로젝트가 끝날 때까지 끊임없이 부딪친다. 모호한 계약문구를 들이밀면서 추가사항을 요구할 때는 공식계약서를 근거로 하여 논리적으로 싸워야 하는데, 계약자료가 워낙 방대한데다가 발주자에게 유리하게 되어 있는 경우가 많고 이들은 전문가도 많이 보유하고 있다. 여기서 또 하나 어려운 점은 외국어다. 계약조항에 관련한 분쟁은 공식레터를 통해 진행되며 기록으로 남기 때문에 내용뿐만 아니라 어떤 단어를 쓰는지도 매우 중요하다. shall이냐 should냐와 같이 선택한 영어단어에 따라 계약조항의 강도가 달라질 수 있고, 공식레터에 잘못된 용어를 쓰면 그대로 기록이 남아 불리해질 수 있다. 물론 계약부서에서 검토를 해주기는 하지만, 초안은 각 엔지니어가 작성해야 하므로 외국어실력도 중요하다. 다방면으로 훌륭한 엔지니어가 되는 길은 멀고도 험하다.

살라맛 플랜트,
우리 손으로 만든다!

말레이시아 살라맛 프로젝트의 입찰 결과, 기대했던 대로 우리 컨소시엄의 승리! 약 14억 달러의 금액으로 성공적으로 수주했다. 지난 6개월간 고생하며 진행했던 입찰설계가 프로젝트 낙찰로 성공적으로 마무리되니 그 뿌듯함은 이루 말할 수 없었다. 더욱이 우리나라가 주도하는 큰 규모의 해외자원개발 프로젝트여서 입찰설계를 준비하면서도 한번 제대로 해보고 싶었기 때문에 더욱 신이 났다.

프로젝트의 다음 단계는 발주자인 탑 E&P와 계약자인 우리 회사가 계약을 체결하고, 즉시 상세설계를 시작하는 것이다. 보통 이런 오일이나 가스를 생산하는 프로젝트는 큰 변수가 없는 한 최대한 빨리 설계와 건설을 끝낸 후 생산하고 판매를 해야만 이익을 극대화할 수 있다. 특히 살라맛 프로젝트는 말레이시아에서 생산한 가스를 싱가포르로 판매한다는 계약이 이미 체결되어 있었기 때문에 프로젝트 지연은 막대한 페널티를 초래한다. 싱가포르에 가스공급이 늦어질수록 그 지역에 거주하는 사람들의 생활과 산업에 지장이 생기기 때문이다. 우리는 낙찰을 통보받음과 동시에 프로젝트팀을 바로 구성해야 했다.

우선 프로젝트를 총괄할 프로젝트 관리부가 구성되었다. 입찰 단계에서는 영업부에서 프로젝트를 주도하지만, 계약 후에는 프로젝트 관리부로 업무가 이관된다. 우리 회사에는 프로젝트관리를 위한 본부가 있는데, 본부는 각종 프로젝트별로 부서가 나뉘어 있다. 각 공사를 위해 만들어지는 부서라 프로젝트의 시작부터 종료까지만 책임지는 한시적인 조직이기는 해도 프로젝트가 3년 이상 수행되는 경우가 많으므로 상당히 길게 유지되며 상황에 따라서는 하자보수를 위해서 1～2년 더 존속하기도 한다.

프로젝트 관리부는 프로젝트를 총괄하는 프로젝트 매니저와 원가와 일정, 인력, 설계와 구매, 건설 관리 등 EPC 프로젝트 진행에 있어서 필요한 핵심적인 업무를 관리하는 여러 명의 프로젝트 엔지니어들로 구성된다. 프로젝트 엔지니어는 발주자와 자주 연락을 주고받으며 업무를 진행하기 때문에 인간관계로 인한 스트레스도 많이 받는다. 또한 각 공사별로 특징이 있기 때문에 그에 대한 전문적인 지식과 경험을 보유하고 있어야 한다. 예를 들

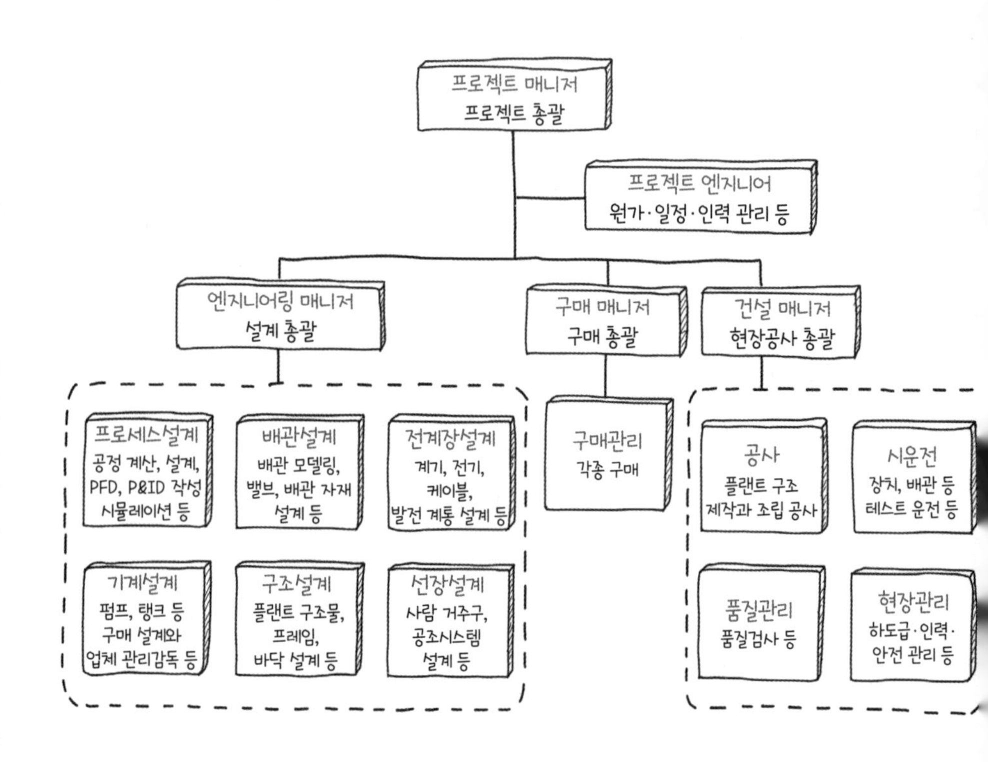

프로젝트 관리부 구성도

어 사우디아라비아 공사라면 발주처 구성원 대부분이 무슬림이고 그 나라의 고위층 인사일 수도 있기 때문에 종교적인 예절을 잘 지키고 요구조건도 잘 맞춰줘야 한다.

프로젝트 관리부는 수주가 거의 확실시될 때 만들어지고, 수주 이후에는 이 부서가 주관하여 설계, 구매, 건설, 다시 말해 EPC 관련 팀이 꾸려진다. 설계는 각 설계부서에 지침을 전달하여 관련 책임자와 엔지니어를 선정하도록 요청하고, 설계와 마찬가지로 구매도 구매부에 요청하여 담당자를 선정하도록 한다. 건설과 관련해서는 현장책임자와 작업자, 그리고 안전을 책임지는 팀이 꾸려진다. 프로젝트 초기에는 설계 위주로 업무가 진행되기 때문에 당시 나이지리아와 오스트레일리아에서의 공사로 한창 바쁜 현장 관련 부서의 경우 우리 프로젝트 쪽에는 최소한의 인원만 배정되었다.

프로젝트 관리부의 지침에 따라 우리 부서도 살라맛 프로젝트를 위한 프로젝트팀을 구성했다. 우리 부서는 지난 6개월 동안 입찰설계를 담당했던 구성원 그대로 가게 되었으며, 이후 해외 엔지니어링사로부터 설계문서와 도면이 우리 쪽으로 이관되면 인원을 좀더 늘리기로 했다. 이렇게 플랜트 프로젝트 수행팀은 상황에 맞게 늘었다 줄었다 하면서 효율적으로 관리된다.

프로젝트가 본격적으로 굴러가기 시작할 무렵 내게 큰 변화가 생겼다. 초기 상세설계는 그대로 오리스 엔지니어링에서 수행하고 후반에는 우리가 인계받아 자체 진행하는 것으로 계약했기 때문에 팀원 가운데 몇 명이 오리스 엔지니어링으로 파견을 가야만 했다. 6개월 동안 파리에서 파견근무를 해야 하는 것이다. 모두가 원하는 기회였다. 유럽문화의 중심지인 파리에서 멋진 해외생활을 하면서 많은 것을 배울 수 있을 테니 말이다. 나도 내심 기대를 하고 있었는데, 팀장님인 김채진 차장님이 나를 불렀다. 기대했던 대로 보조 엔지니어로 나를 선택한 것이다! 평소 별 말씀 없이 알아서 하게끔 놔두는 스타일의 팀장님이 팀 총무에 허드렛일까지 열심히 하는 내 모습을 눈여겨 봤던 것 같다.

그렇게 찾아온 행운의 파리 파견을 위해 분주하게 준비를 시작했다. 6개월은 긴 시간이므로 여러 준비가 필요했다. 우선 내가 맡고 있던 나이지리아 프로젝트 업무를 다른 담당자에게 인수인계해야 했고, 지난 입찰설계 기간 동안 쌓인 프로젝트 관련 자료도 가져가려면 정리를 해야 했다. 물론 정신이 없는 와중에도 첫 해외 파견근무에 기대감이 차올랐다. 평소에도 해외 엔지니어링사가 어떻게 프로젝트를 수행하길래 발주자는 EPC사보다 해외 엔지니어링사를 더 신뢰하고 설계를 맡기는 걸까 궁금했는데 이번 기회에 직접 확인할 수 있으리라.

어쩌다 플랜트 회사에 취업했을까

'한국중공업에 최종 합격하셨습니다.'

대학교 4학년 마지막 학기, 드디어 내가 원하는 회사 중 한 곳으로부터 합격했다는 통보를 받았다. 여전히 무엇을 해야겠다는 구체적인 목표가 세워진 건 아니었지만 플랜트 관련 회사에 취업했다는 것만으로도 기뻤다.

대학시절, 선배들로부터 치열한 취업시장에 대해 익히 들어왔기에 3학년 때부터 본격적으로 취업을 준비했다. 군대 가기 전 매일같이 게임에만 몰두하는 바람에 형편없던 학점을 갱신하느라 고생도 많이 했다. 그러던 중 취업 사이트에서 대우조선해양에서 인턴 직원을 뽑는다는 공지를 보게 되었다. 대우조선해양이라면 우리나라 3대 조선해양 관련 중공업회사가 아닌가. 현장을 경험할 수 있는 좋은 기회였다. 나는 바로 지원했고 다행스럽게도 인턴에 선발되어 거제도에서 두 달 동안 인턴생활을 하게 되었다.

거제도의 대우조선해양 현장은 듣도 보도 못한 신세계였다. 영화에서나 볼 법한 거대한 해양플랜트가 여러 개 제작되고 있었고, 세계에서 가장 크다는 배 모양의 해양플랜트도 출항을 앞두고 있었다.

나는 예전부터 플랜트에 관심이 있었기 때문에 해양플랜트 관련 부서에 지원해 배치될 수 있었다. 당시 내게 멘토링을 해주셨던 부장님은 출항을 앞둔 '아그바미'라는 해양플랜트의 기계장치설계를 총괄하는 분이었는데, 아그바미에 데려가서 여러 장치를 견학시켜주고 상세한 설명도 해주었다. 아그바미는 당시 세계 최대 규모라는 해양플랜트에 걸맞게 정말 거대했고, 나는 그 웅장함에 압도되고 말았다.

거제도 대우조선해양 현장에서 인턴으로 보낸 2개월은 내가 해양플랜트의 프로세스 엔지니어가 되는 데 중요한 밑거름이 되었다. 인턴생활을 하면서 어설프게나마 해양플랜트 전반에 대해 감을 잡았고, 플랜트에 설치된 장치들이 어떻게 설계되는지도 배웠다.

인턴생활을 마치고 본격적인 구직활동을 시작한 나는 플랜트 엔지니어가 되기 위해 건설회사와 엔지니어링회사, 중공업회사를 중심으로 지원했다. 당시 엔지니어링과 플랜트 시장의 호황이 시작되고 있어서 경쟁이 매우 치열했다. 나는 대우조선해양에서의 실제 경험 덕분에 자기소개서와 포부를 구체적으로 쓸 수 있었고 이 점이 서류전형을 통과하는 데 큰 도움이 되었다. 면접 때도 마찬가지였다. 플랜트 엔지니어가 되겠다는 꿈을 구체적으로 거침없이 이야기할 수 있었다. 그 결과 10개 이상의 회사에 지원한 나는 4개 회사에 최종 합격할 수 있었다. 대우조선해양에는 이미 인턴 종료 직후 합격이 된 상태였고, 서울 소재 중견 건설회사와 경기도에 있는 설계 전문 엔지니어링회사 그리고 한국중공업이었다. 대우조선해양은 인턴 경험도 좋았고 모든 것이 마음에 들었으나 지역이 거제도라는 것 때문에 망설여졌다. 그렇게 여러 가지를 고민한 끝에 결정한 곳이 바로 한국중공업이다. 인턴 때 보았던 멋진 해양플랜트를 설계부터 제작까지 직접 해보겠다는 부푼 꿈을 가지고 최종 결정을 내렸다.

2007년 여름 한국중공업에서 신입사원으로 첫 출발을 했다. 입사한 후에는 교육연수를 받는다. 초반 6주 동안은 기본적인 직장생활 예절이나 회사의 철학 등 다소 지루한 기본연수를 받고, 기본연수가 끝나면 본사 근처 기숙사에서 현장실습을 한다.

당시 현장실습은 회사가 운영하는 용접연수원에서 실제로 철판을 절단하고 용접해보는 것이었다. 한여름이어서 가만히 있어도 더운 날에 철판을 절단하고 용접까지 하려니 너무 고됐다. 그때 과제가 무쇠로 필통을 만드는 일이었다. 큰 철판을 자를 때는 워낙 위험한 작업이다 보니 온몸을 감싸는 무거운 작업복에 쇠로 만든 장갑, 안전모와 얼굴 가리는 도구 등 많은 장비를 갖추고 나서야 작업을 시작할 수 있었다. 그런데 거한 준비작업과는 어울리지 않게 잘라낸 철판은 가장자리가 모두 울퉁불퉁 볼품이 없었다. 가스토치를 사용해 철판을 자를 때는 어찌나 안 잘리는지 그것도 고역이었다. 두께 3밀리미터밖에 안 되는 철판을 절단하는 데 너무 오랜 시간이 걸렸다. 더욱이 설계도안대로 절단하는 것도 쉽지 않았다. 용접도 어려웠다. 용접봉을 철판에 갖다대면 철판이 녹으면서 쇳물이 나오는데, 이때 재빠르게 철판을 붙여야 한다. 당연히 모양이 아주 들쭉날쭉하고 예쁘지 않았다. 선박이나 플랜트를 용접할 때는 이렇게 울퉁불퉁하거나 들쭉날쭉하면 불량이다. 아주 균일한 모양으로 완성해야만 품질을 인정받을 수 있다. 이렇게 작은 필통 하나 만드는 데 일주일이나 걸렸다.

일주일 동안의 현장교육을 마무리 한 후 드디어 각자 원하는 사업부로 배치될 시점이 찾아왔다. 공채로 입사했기 때문에 사업부가 아직 정해지지 않은 상태에서 세 개까지 희망 사업부를 적어내라고 했다. 해양플랜트의 프로세스설계 엔지니어가 되는 것을 꿈꿔왔던 나는 모든 지망을 해양사업부로 적었고, 한 술 더 떠서 아예 해양사업부에 속한 여러 부서 중 어느 부서에 가고 싶은지까지 적어냈다. 해양사업부에 가면 일이 힘들고 가장 고생을 많이 한다는 소문이 있어서 동기들이 많이 적어내지 않았던 덕분에 나는 원하는 대로 해양사업부에 배치될 수 있었다.

이렇게 해서 플랜트회사에 입사한 나는 학생일 때는 상상도 하지 못했던 열정을 불태우며 해양플랜트 프로세스설계 엔지니어의 길을 걷기 시작했다. 지금은 EPC 건설회사가 아닌 국책 연구원이라는 다른 성격의 조직에서 일하고 있지만, 한 회사의 일원으로서 동료들과 울고 웃으며 프로젝트 완수를 향해 함께 달렸던 때를 생각하면 여전히 가슴 한쪽이 뜨거워진다.

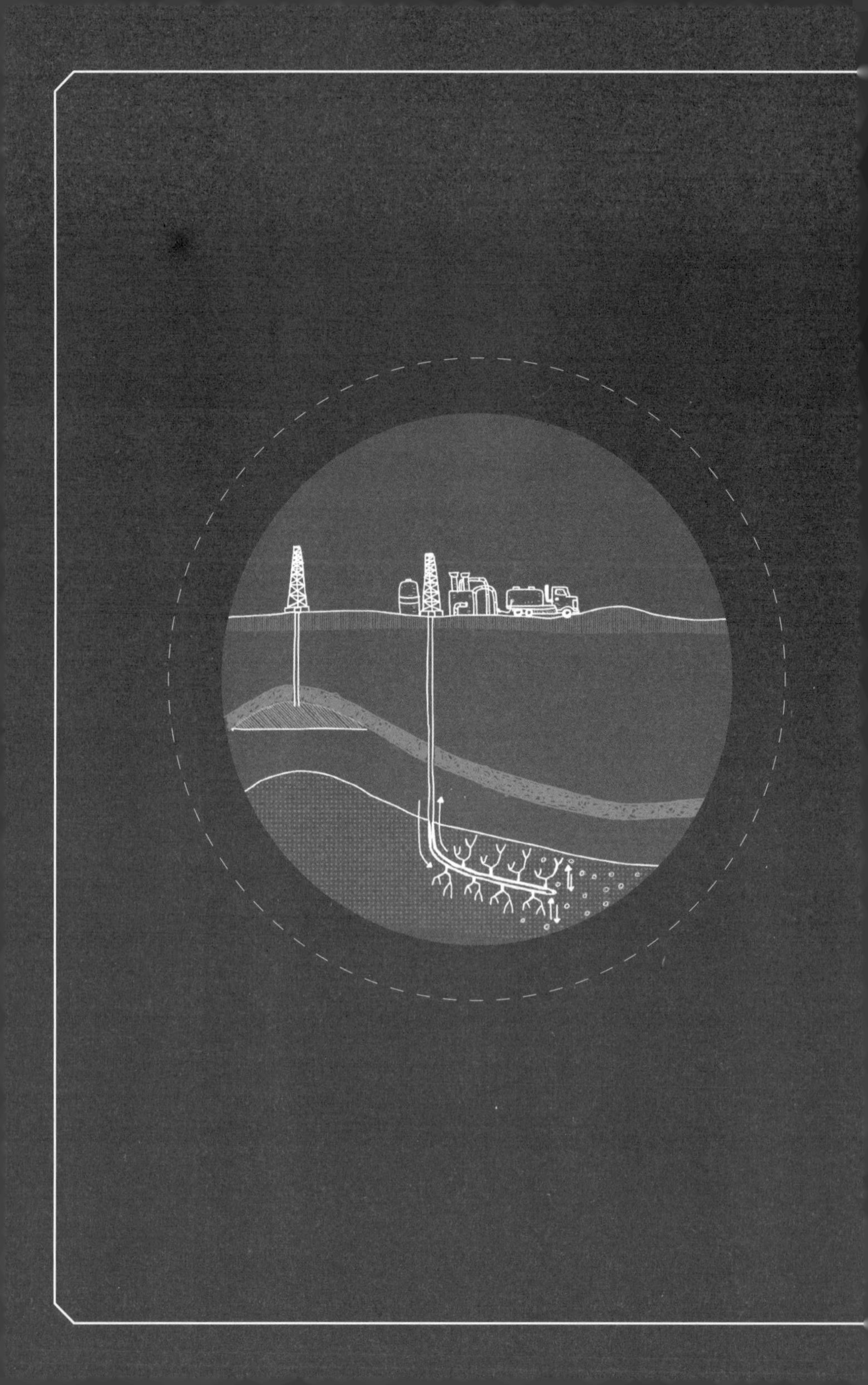

2장
프로젝트
착수

프랑스 파리에서의 파견근무 시작

프랑스 파리의 샤를드골공항 도착. 프로젝트 계약이 진행되는 와중에 정신없이 파견준비를 끝내고 파견지로 향했다. 대학생 때 배낭여행으로 잠시 들렀던 이곳에 직장인이 되어 다시 오니 감회가 새로웠다. 그때처럼 여전히 분주한 공항. 늦은 시각에 도착하여 마음이 바빴다. 동료들과 함께 택시를 타고 시내에 위치한 숙소로 이동했다.

이제부터 6개월 동안 파견근무하게 될 곳은 파리에 위치한 오리스 엔지니어링이다. 규모는 작지만, 프랑스 거대 석유기업 토탈 등 여러 업체와 함께 오일 및 가스와 관련하여 많은 프로젝트를 설계했고, 우리 회사와도 두 개의 프로젝트를 성공적으로 완수한 바 있다. 이렇게 구축된 성공적인 파트너십을 기반으로 이번 살라맛 공사도 함께 하게 되었는데, 예상대로 입찰설계 초반 세팅부터 매우 원활하게 진행되었다.

그렇지만 처음부터 그랬던 것은 아니다. 첫 공사 때만 해도 서로 다른 업무방식과 문화 차이 때문에 마찰이 많았다. 야근이 잦고 업무효율보다는 사무실에 앉아 있는 시간을 더 중요하게 생각하는 우리나라와는 달리 오리스 엔지니어링은 일과 가정생활의 균형, 특히 업무효율을 중시했기 때문에 많이 부딪혔다. 그렇지만 수년 간 동고동락하면서 서로를 이해하게 되었고, 이제는 서로의 차이를 인정하고 조율하여 시너지 효과를 낼 수 있게 됐다.

오리스 엔지니어링사는 두 개의 건물로 구성되어 있다. 한 건물은 주로 엔지니어들이 머무는 건물이고, 다른 건물은 우리 같은 협력사나 발주자의 사무실이 위치해 있다. 사업 특성상 프로젝트처럼 한시적으로 운영되는 일이 많기 때문에 이렇게 구성했다고 한다.

오리스 엔지니어링은 프랑수아 미테랑 도서관 근처에 위치하고 있다. 파리를 가로지르는 그 유명한 센강에서 남쪽으로 도보 15분 내에 위치하여 쉬는 시간에 센강을 산책할 수도 있었다. 그러나 파리 중심가에 위치한 만큼 우리처럼 파견업무를 하러 온 사람들은 숙소를 구하기가 어려웠다. 숙박비가 매우 비싸서 오래 머무를 곳을 찾는 게 쉽지 않았기 때문이다. 거주지 문제는 현지 직원들에게도 골치아픈 문제였다. 현지 직원들은 대부분 편도로 한 시간 이상 걸리는 먼 곳에서 고단한 출퇴근을 했다. 우리는 숙소를 그렇게까지 멀리 잡을 수도 없고, 단기간 생활할 예정이었기 때문에 현지 한국인이 운영하는 부동산 에이전트를 통해 단기 임대아파트를 구했다. 가격은 다소 비쌌지만 어쩔 수 없었다.

그래도 아파트 형태의 숙소는 방은 각자 쓰면서 다른 시설은 공용으로 활용할 수 있기 때문에 비용을 절약하는 괜찮은 옵션이었다. 당시 아파트 한 채의 월세가 우리돈으로 300만 원 정도였는데, 한 채에 세 명씩 묵을 수 있으므로 한 사람당 100만 원 정도 소요되는 셈이었다. 식사는 에이전트가 소개한 현지 한국인 아주머니가 아침저녁을 챙겨주기로 했다. 프랑스인 남편을 한국에서 만나 결혼까지 하고 10년 전 파리에 정착한 분이었다. 음식솜씨가 아주 좋으셨고, 파리에 아시아 식재료를 구입할 수 있는 식료품점이 많았기 때문에 맛있는 한국 음식을 매일 먹을 수 있었다.

다시 오리스 엔지니어링으로 돌아와, 우리가 일하게 될 곳을 살펴보니 한 층 전부를 우리 회사가 쓰게 되었다. 우리 회사 전체 파견인원 20명에 딱 맞는 스타일이었다. 사무실 하나를 두세 명씩 쓰고, 탕비실, 화장실, 회의실 등은 공동으로 사용하도록 되어 있었다. 한 사무실에 20명 이상이 모두 모여 근무하는 우리 회사의 근무환경과 비교하면 매우 쾌적하고 사생활이 잘 보장되는 구조였다.

그리고 인상 깊었던 것은 각자 앉을 책상과 의자, 컴퓨터, 전화, 필수적인 사무용품 등이 전문비서를 통해 모두 세팅 완료되어 있었던 점이다. 프로그램 설치조차도 이러한 서비스를 전문으로 해주는 서비스 엔지니어가 있어 우리는 그냥 맡은 일만 하면 됐다. 짐 나르기나 청소 등 온갖 잡일까지 다 해야 하는 우리와는 많이 달랐다. 한마디로 이곳은 설계 엔지니어는 설계에만 집중할 수 있는 환경을 갖추고 있었다. 이것은 각자 맡은 업무의 효율성을 높이는 데 매우 중요한 점이었다. 다과나 커피머신까지 모두 완비되어 있어서 여러 가지로 계속 근무하고 싶은 환경이었다.

프랑스에 도착한 첫 주는 아직 프로젝트 초반이기 때문에 대부분의 시간을 한국 본사와의 커뮤니케이션과 업무세팅을 하며 보냈다. 서머타임이 적용되는 파리와 한국의 시차는 일곱 시간. 한국이 오후 4시일 때 파리에서는 업무가 시작되니 서로 겹치는 업무시간이 많지 않았다. 인터넷 상태가 우리나라만큼 훌륭하지 않고 데이터 전송에 오류가 생길 때도 많아서 문제가 없도록 세심하게 세팅해달라고 요청했다. 그럼에도 작은 문제가 있었는데, 이곳에서 제공하는 컴퓨터가 워낙 보안이 철저해서 우리 쪽 메일 서버에 접속할 수가 없었다. 할 수 없이 대부분의 업무를 내 개인 노트북으로 해야 했다. 이런저런 어려움과 문제들을 해결하면서 우리는 파리에 적응해나갔다.

킥오프회의 그리고 파리지앵의 고달픈 직장생활

발주자인 탑 E&P와 계약자인 우리 회사의 파견팀 업무를 위한 사무실 세팅이 모두 완료되자, 드디어 프로젝트의 첫 주요 행사인 킥오프kick off회의가 열렸다. 킥오프회의란 프로젝트가 시작할 때 하는 첫 공식 실무행사로 프로젝트 참여자들이 모여 프로젝트의 목적부터 세부적인 향후 계획까지 함께 공유하는 자리다. 프로젝트 계약이 이루어지고 나서 발주자와 우리 회사가 분주하게 팀구성과 업무세팅을 중심으로 일을 진행해왔다면, 오리스 엔지니어링은 그와 더불어 킥오프회의를 준비했다. 킥오프회의를 하려면 전반적인 설계 진행 계획이 수립되어야 하는데, 오리스 엔지니어링은 이미 입찰설계를 진행해 왔기에 비교적 빠르게 킥오프회의를 열 수 있었다.

킥오프회의는 오리스 엔지니어링의 본사 건물인 A동에서 하루

종일 진행됐다. 아침 8시에 시작한 첫 순서는 프로젝트의 주요 목적과 굵직한 계획 등을 전반적으로 소개하는 시간이었다. 프로젝트를 수행하는 주체는 주계약자인 우리 회사이기 때문에 이 순서는 우리 회사의 프로젝트 매니저인 채명진 부장님이 진행했다.

프로젝트 매니저는 프로젝트의 전반을 총괄 관리하고, 발주처 경영진과 주요 보직자를 상대해야 하기 때문에 그 책임이 막중하다. 프로젝트의 계약이 성공적으로 이루어지면 영업부의 입찰관리자로부터 모든 권한을 전달받아서 프로젝트를 총지휘해야 하므로 인력관리, 시간관리, 원가관리 등 프로젝트 수행의 모든 방면을 꿰뚫고 있어야 하는 것은 물론이고, 책임감과 인화능력에, 경험도 풍부해야 한다. 수십 년간 프로젝트 관리부서에서 경력을 쌓은 채명진 부장님은 그 모든 부분에서 인정받고 있었기에 우리 회사의 가장 중요한 이 프로젝트의 관리자로 더할 나위 없는 적임자였다. 프로젝트의 현 단계가 초기설계 단계여서 주요 기술적인 사항은 오리스 엔지니어링이 주도적으로 풀어나갈 것이고 본격적으로 공사를 진행할 때보다는 아직 부담이 적은 편이지만, 설계회사를 제대로 관리해야 후속 제작공사도 원활하게 수행되므로 결코 가벼이 여겨서는 안 될 단계다.

프로젝트 매니저 채명진 부장님이 유창한 영어로 힘차게 시작한 프로젝트 소개에 이어 오리스 엔지니어링의 설계관리자인 데이비드 엘이 초기 상세설계에 대한 전반적인 일정을 소개했다. 프로세스설계 출신인 데이비드 엘은 보통의 프랑스 직장인과는 좀 다르게 일중독자 수준으로 열심히 일하는 사람이다. 매일 밤 9시까지 일할 정도로 책임감과 열정이 남달랐다. 이렇게 일만 하다 보니 가정에 소홀해졌는지 이혼한 후 양육비를 대느라 등골이 휜다는 이야기가 들리기도 했지만 실력 하나는 최고로 인정받는 사람이었다. 역시나 발표할 때 보여주는 명확한 내용 전달과 리더십이 높이 살 만했다.

데이비드 엘이 전반적인 일정을 소개하고, 이어서 프로세스설계를 시작으로 배관설계, 기계설계, 전계장설계 등 각 부서별로 상세한 목표와 계획을 소개할 예정이었다. 살라맛 프로젝트는 그 영역이 해상플랜트, 육상플랜트, 드릴링, 심해저 설비 등 실로 다양하고 방대해서 킥오프회의는 길어질 것 같았다.

데이비드 엘의 설계 전반에 대한 설명이 끝나니 어느덧 점심시간이 훌쩍 지나 있었다. 점심으로는 스탠딩 런치가 준비되어 있었다. 우리나라라면 식당 한 곳을 예약해 모두 그곳으로 몰려가 한 시간 내에 식사를 끝냈겠지만, 이곳은 달랐다. 스탠딩이기는 해도 전채요리부터 여러 개의 메인요리, 마지막으로 디저트까지 여러 단계를 거치는 공식코스를 밟았다. 점심이라도 공식적인 식사는 보통 두 시간 이상을 한다고 한다. 이번 점심식사도 꽤 길었다.

그 긴 시간 동안 잘 하지도 못하는 영어로 이야기까지 하며 밥을 먹느라 밥이 어디로 넘어가는지도 몰랐다. 프랑스 직원들은 식사 내내 말은 또 어찌나 많던지, 정말 고역이었다. 어느덧 한 시간 반 정도가 흘러 식사는 끝났고 바로 오후 미팅이 시작되었다.

오전에는 모든 참여자가 한자리에 모여서 프로젝트 전반에 대한 설명을 들었다면, 오후에는 각 부서별로 모여서 킥오프회의를 진행했다. 그중 내가 속한 프로세스설계는 중간 정도 되는 회의실에 모여 킥오프회의를 시작했다. 프로젝트 초반에는 프로세스설계가 중요하고 프로세스설계가 주축이 되어 진행되기 때문에 킥오프회의에서 보다 자세하게 앞으로의 계획을 소개하고 첨예하게 토론하는 시간을 가졌다.

진행은 20년 경력을 가진 오리스 엔지니어링의 엔지니어 스테판 택시가 했다. 스테판 택시는 이전에 나이지리아 프로젝트를 성공적으로 이끈 리드 엔지니어이고 살라맛 프로젝트의 입찰설계도 주도했던지라 김채진 차장님과는 몇 번 함께 일하는 동안 이미 막역한 사이가 되었다. 작은 체구이지만 다부진 체격과 깐깐한 성격으로, 매우 철저하다는 평가가 자자했다. 살라맛 프로젝트는 가스생산과 각종 유틸리티 등 다양한 시스템으로 구성되어 있고, 해상, 육상, 심해저 등 총 세 개의 공사를 통합적으로 수행해야 하는 매우 큰 규모의 프로젝트다. 대형 프로젝트이니만큼 오리스 엔지니어링의 실력자 가운데 한 명인 스테판 택시가 이 모두를 총괄하는 책임 엔지니어가 되었다. 각 프로세스 시스템에는 별도의 리드 엔지니어가 선정되었고, 실제 도면작업과 문서작업을 하는 실무 엔지니어 등 20명이 넘는 인원이 이 프로젝트의 프로세스설계만을 위해 배정되었다.

프로세스설계 킥오프회의에는 발주처 엔지니어로, 입찰설계에 참여했던 피터 챙, 입찰 때 삼성중공업 컨소시엄에서 일했던 앤드루 리빙스턴, 그리고 탑 E&P의 프로세스 엔지니어인 김준현 씨가 참석했다. 프로젝트설계 수행은 오리스 엔지니어링에 위임하여 진행하고 있지만, 모든 중요한 결정은 우리 회사에서 해야 하므로 김채진 차장님의 역할이 막중했다.

집중해서 진행했던 킥오프회의는 저녁 7시가 되어서야 끝났다. 다행히 오리스 엔지니어링에서 준비를 잘 해주어 큰 문제없이 마무리될 수 있었다. 끝난 후 프로젝트 킥오프를 기념하기 위해 모두 함께 저녁에 회식 자리를 가졌다. 그런데 현지 엔지니어 대부분은 파리 중심에서 멀리 떨어진 곳에서 출퇴근을 하기 때문에 맥주와 함께 간단한 핑거푸드만 먹고 집으로 돌아가야 했다. 파리는 파리지앵이라는 멋쟁이 프랑스 사람을 지칭하는 말이 따로 있을 정도로 세계적으로 유명하고 멋진 도시지만, 월급쟁이가 살아가는 모습은 다른 도시와 마찬가지로 고달파 보였다.

상세설계의 시작은 공정흐름도 작성

프로젝트의 킥오프회의가 끝나고 본격적으로 상세설계가 시작됐다. 프로세스설계에서 가장 먼저 수행되어야 하는 작업은 바로 공정흐름도인 PFD Process Flow Diagram를 작성하는 것이다. 공정흐름도란 프로젝트를 시작하고 가장 처음으로 작성하는 설계도면 중 하나다. 원료가 플랜트에 들어온 후 우리가 원하는 생산물이 될 때까지 거치는 각종 장치의 구성을 도면으로 나타낸 것이다. 이 도면은 원료의 흐름에 따라 어떤 장치가 활용되는지를 나타내며, 장치 전·후단의 압력, 온도, 유량 등의 조건이 함께 표기되고, 추가적으로 공정제어를 위한 콘셉트도 반영된다.

살라맛 프로젝트의 목적은 물과 오일, 여러 불순물이 섞인 천연가스를 각종 처리과정을 거쳐 순수한 천연가스로 생산하는 것이다. 따라서 공정흐름도에는 이때 필요한 모든 공정장치, 그리고 공정장치와 연관된 제어계통을 함께 표시한다. 만약 어떤 혼합물을 가스와 액체로 분리시키기 위해 압력용기에 넣으려고 한다면 이 혼합물이 압력용기에 들어가기 전과 나온 후의 조건을 알아야 이 용기의 크기나 강도를 설계하고 제작할 수 있다. 아울러 각종 운전상황에 따른 제어시스템 개념도 넣어야 한다. 압력용기 안에 액체가 너무 많이 들어가면 이를 빼내기 위해 액체 쪽의 밸브를 열어야 하고, 그러려면 센서와 밸브에 자동 기능이 반영되어야 한다. 수많은 장치와 밸브가 설치된 플랜트에서는 집에서 온수를 쓸 때 온수 쪽 밸브를 조절하듯이 일일이 수동으로 조작할 수 없기 때문이다. 이러한 개념을 담은 공정흐름도는 시스템별로 작성되는데, 살라맛 프로젝트의 경우 20여 장이었다. 살라맛 프로젝트는 입찰설계 당시 이미 공정흐름도를 작성해놓았기 때문에 큰 변경 없이 프로젝트 킥오프회의 후 2주 만에 첫 번째 버전을 완성할 수 있었다.

이렇게 공정흐름도가 작성되는 동시에 또 다른 중요한 프로세스설계 업무가 진행되고 있었다. 바로 공정시뮬레이션이다. 플랜트는 수많은 장치로 구성되어 있고 각 장치의 원리가 모두 다르고 매우 복잡하다. 따라서 이들의 관계를 파악하고 원하는 장치를 제대로 설계하려면 장치설계 데이터부터 도출해야 한다. 장치설계 데이터란 어떤 물질이 장치에 들어가서 처리된 후 나올 때의 압력, 온도 등의 상태를 말한다. 이 상태를 예측한 데이터를 바탕으로 설계작업에 들어가는 것이다. 이 작업은 사람이 직접 하지는 않고 자동으로 계산해주는 컴퓨터 프로그램인 공정시뮬레이션 소프트웨어를 활용한다. 요즘 활용되는 소프트웨어는 지난 수십 년간 축적돼온 데이터를 기반으로 하고 있기에 실제와 유사한 결과가 나올 정도로 발달했다.

공정시뮬레이션 소프트웨어는 플랜트산업이 폭발적으로 성장하는 데에 기여한 주요 도구 중 하나다. 과거에는 플랜트 건설을 위한 설계작업에 1년 이상 소요됐지만, 최근에는 이런 소프트웨어 덕택에 그 기간을 절반 이상으로 줄일 수 있게 되었다. ASPEN HYSYS, PRO II 등이 대표적인 공정시뮬레이션 소프트웨어이며, 살라맛 프로젝트에는 ASPEN HYSYS가 활용됐다. ASPEN HYSYS는 공정흐름도에 표현된 장치의 성능 대부분을 예측할 수 있도록 라이브러리를 포함하고 있다. 이 가상장치들을 컴퓨터 화면에 배치하고 연결하면 원하는 결과가 나온다. 이 결과를 가지고 각종 장치의 사양서specification를 작성하고, 그 장치를 만드는 벤더업체에 보내면 장치가 제작되어 납품된다.

공정시뮬레이션은 난이도가 높은 작업이라서 별도의 전문가가 작업한다. 오리스 엔지니어링은 공정시뮬레이션 전문가팀이 따로 있어서 각종 프로젝트를 적시적소에 처리해준다. 공정시뮬레

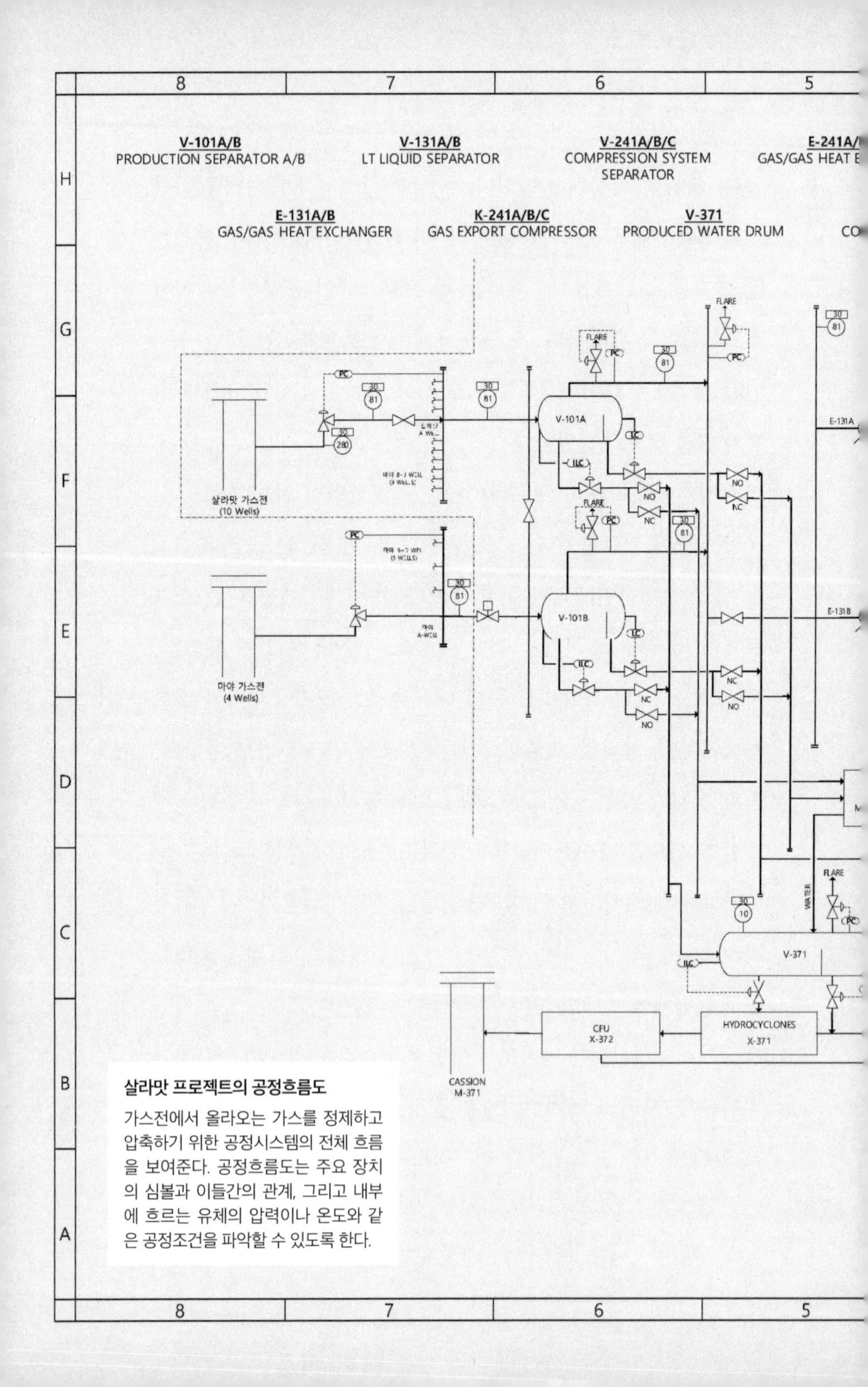

살라맛 프로젝트의 공정흐름도

가스전에서 올라오는 가스를 정제하고 압축하기 위한 공정시스템의 전체 흐름을 보여준다. 공정흐름도는 주요 장치의 심볼과 이들간의 관계, 그리고 내부에 흐르는 유체의 압력이나 온도와 같은 공정조건을 파악할 수 있도록 한다.

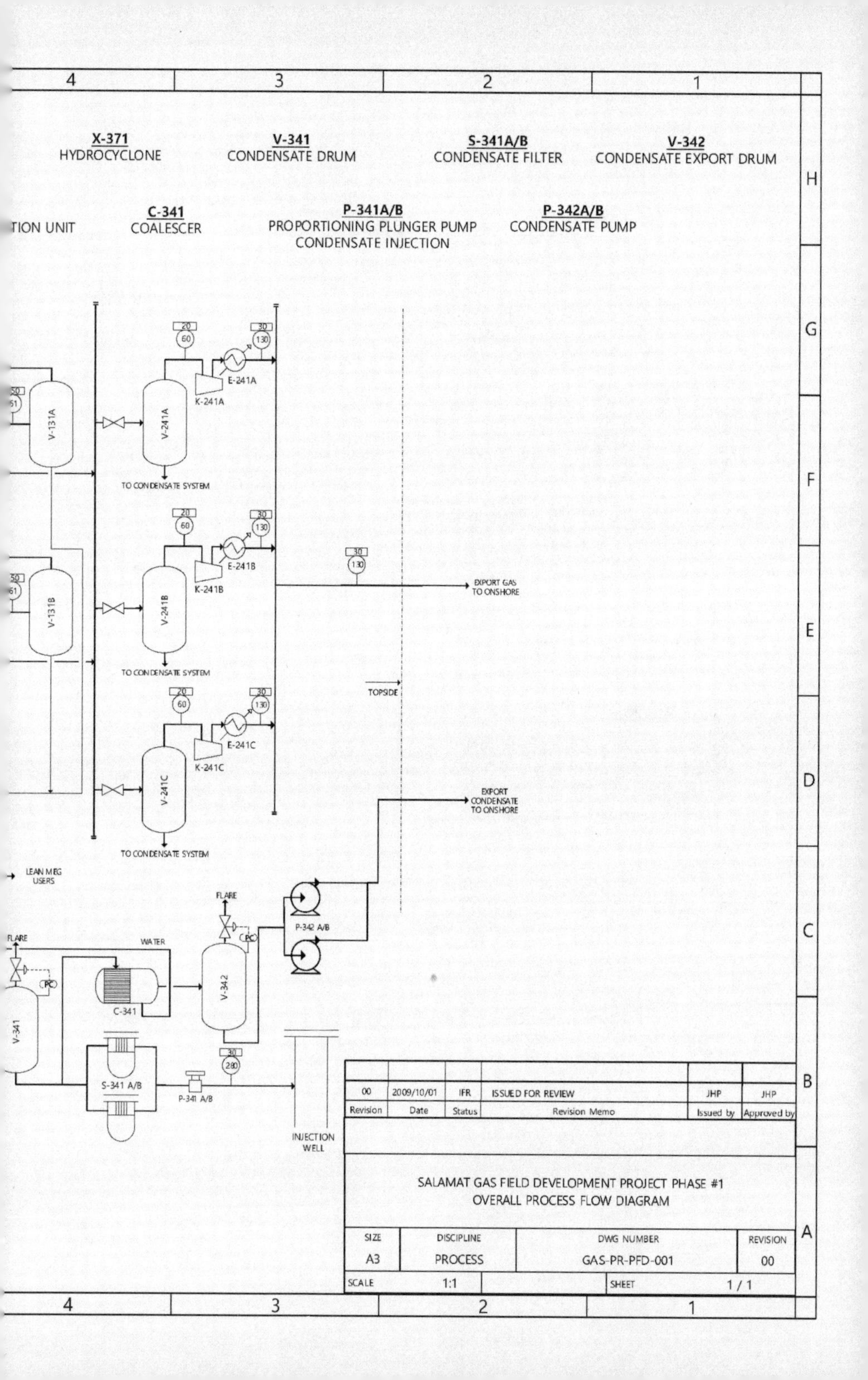

4
3
2
1
X-371
HYDROCYCLONE
V-341
CONDENSATE DRUM
S-341A/B
CONDENSATE FILTER
V-342
CONDENSATE EXPORT DRUM
TION UNIT
C-341
COALESCER
P-341A/B
PROPORTIONING PLUNGER PUMP
CONDENSATE INJECTION
P-342A/B
CONDENSATE PUMP
H
G
F
E
D
C
B
A
V-131A
V-131B
V-241A
V-241B
V-241C
K-241A
K-241B
K-241C
E-241A
E-241B
E-241C
TO CONDENSATE SYSTEM
EXPORT GAS
TO ONSHORE
TOPSIDE
EXPORT
CONDENSATE
TO ONSHORE
LEAN MEG
USERS
FLARE
WATER
PC
C-341
V-341
V-342
P-342 A/B
S-341 A/B
P-341 A/B
INJECTION
WELL
00
2009/10/01
IFR
ISSUED FOR REVIEW
JHP
JHP
Revision
Date
Status
Revision Memo
Issued by
Approved by
SALAMAT GAS FIELD DEVELOPMENT PROJECT PHASE #1
OVERALL PROCESS FLOW DIAGRAM
SIZE
A3
DISCIPLINE
PROCESS
DWG NUMBER
GAS-PR-PFD-001
REVISION
00
SCALE
1:1
SHEET
1 / 1

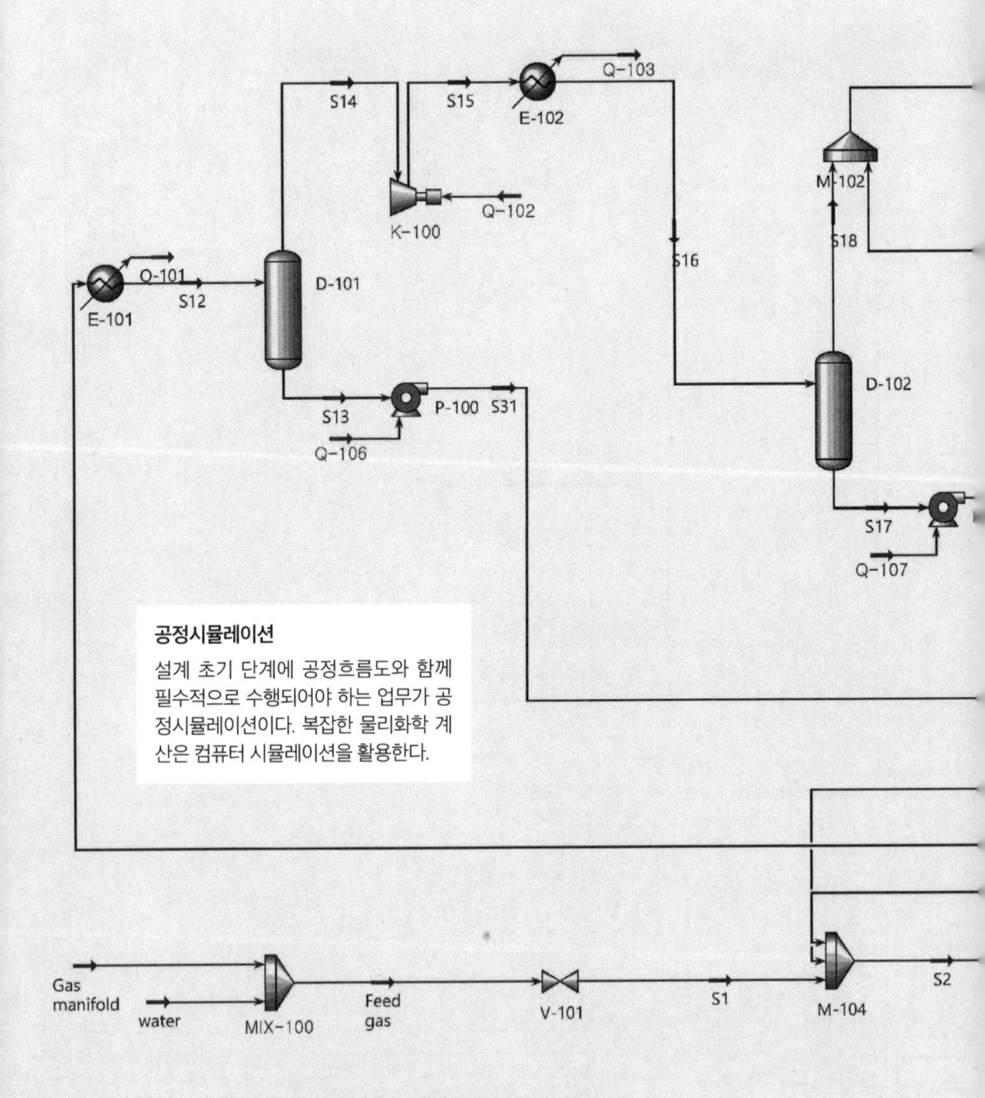

공정시뮬레이션

설계 초기 단계에 공정흐름도와 함께 필수적으로 수행되어야 하는 업무가 공정시뮬레이션이다. 복잡한 물리화학 계산은 컴퓨터 시뮬레이션을 활용한다.

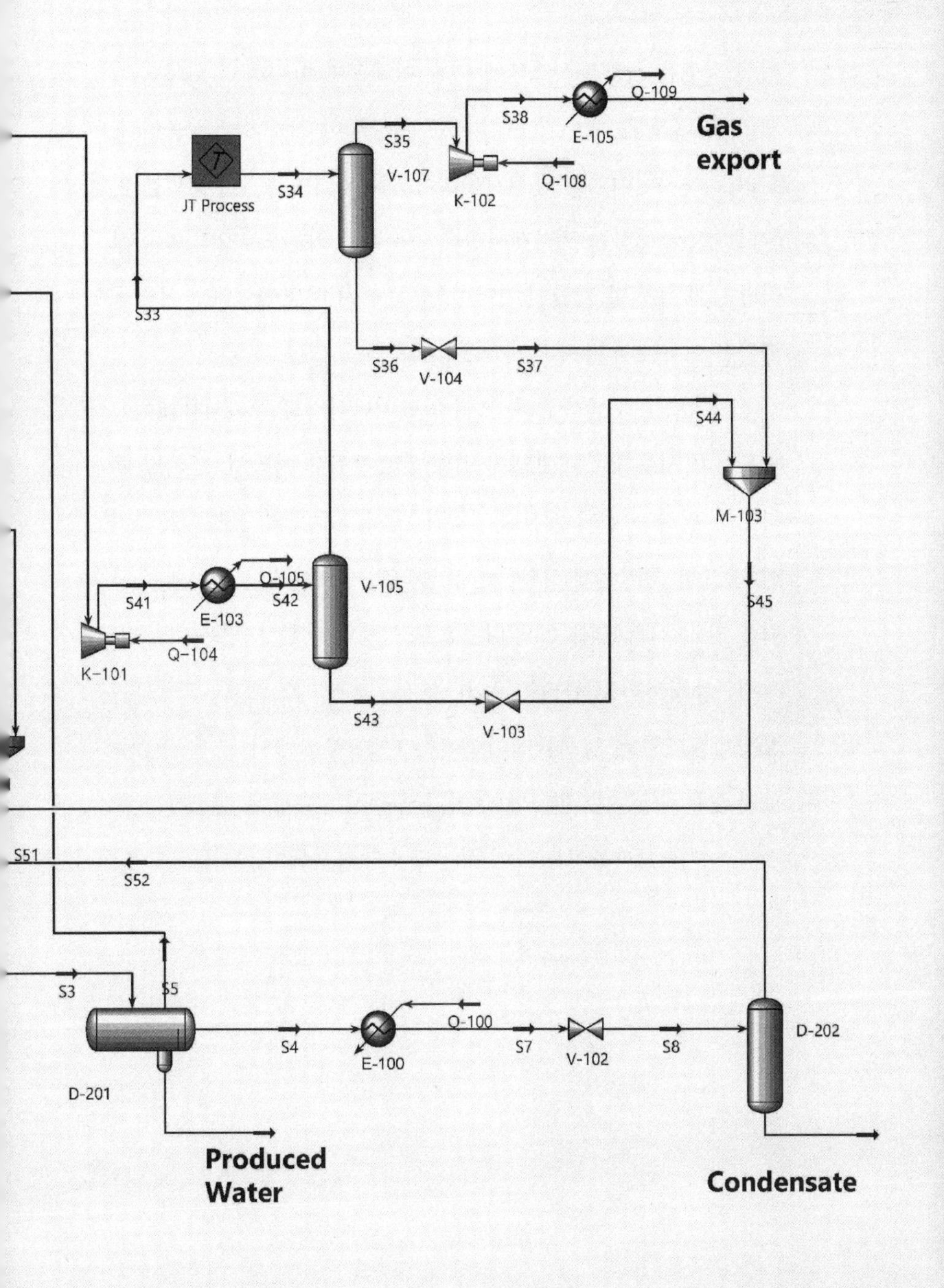

Q-109
S38
E-105
Gas
export
S35
V-107
K-102
Q-108
JT Process
S34
S33
S36
V-104
S37
S44
M-103
Q-105
S41
E-103
S42
V-105
S45
K-101
Q-104
S43
V-103
S51
S52
S3
S5
S4
E-100
Q-100
S7
V-102
S8
D-202
D-201
Produced
Water
Condensate

이션 작업은 플랜트시스템에 대한 이해뿐만 아니라 프로그램 자체를 잘 다룰 수 있어야 하기 때문에 상당히 전문적인 직종이다. 오리스 엔지니어링의 공정시뮬레이션 엔지니어는 프로젝트를 따라다니면서 일하는 프리랜서인데 연봉이 우리돈으로 2억 원 이상이라고 해서 정말 놀랐던 기억이 난다. 본사에만 있었다면 몰랐을 일들을 이곳에서 많이 알게 되었다.

공정흐름도가 발행된 후 오리스 엔지니어링의 공정시뮬레이션 전문가가 시뮬레이션 모델의 업데이트 작업을 시작했고, 며칠 후 비로소 원하는 결과가 도출되었다. 공정흐름도와 공정시뮬레이션, 중요한 초기설계 성과물이 도출되면서 프로젝트의 진행이 탄력을 받기 시작했다. 이제 다음으로 작성해야 할 도면은 바로 공정배관계장도라고 불리는 P&ID(Piping and Instrumentation Diagram)다. 공정흐름도와 공정시뮬레이션에는 다른 부서에서 크게 관심을 갖지 않을 수도 있지만, P&ID는 다른 부서에서 주로 참조하는 프로세스설계 성과물이므로 매우 정교하게 작성해야 한다.

쏟아지는 도면들과의 사투

프로젝트의 킥오프회의가 끝났고 프로젝트 초기의 주요 성과물인 공정흐름도와 공정시뮬레이션 초안이 도출되었다. 이제 초기 상세설계를 시작해야 한다. 오리스 엔지니어링에서 입찰설계를 진행한 만큼 기본적인 설계의 완성도는 높지만, 상세설계부터는 각종 세부 사항까지 모두 반영해야 하므로 좀더 심혈을 기울여야 한다. 원래 입찰설계는 전체적인 프로젝트 비용을 추산하는 것에 초점을 맞추기 때문에 세부적인 디테일은 떨어진다.

상세설계에서 세부 사항을 모두 챙겨 반영하려면 그만큼 많은 인력이 필요하다. 특히 프로세스설계에는 오리스 엔지니어링 측 총책임자인 스테판 택시를 비롯해 여러 명의 리드 엔지니어와 세부적인 업무를 수행할 20명이 넘는 엔지니어가 동원되었다. 이들의 업무는 시스템별, 스터디별로 성격이 나뉜다.

시스템별 업무는 플랜트의 각 시스템과 관련된 도면을 작성하고 각 장치의 크기를 정하기 위한 계산 등을 수행하는 작업이다. 가스생산 플랜트 시스템의 경우 가스분리, 가스압축, 가스 내 수분제거, 유틸리티, 드레인 등 많은 시스템으로 나뉘어 있다. 각 시스템은 적게는 몇 장, 많게는 수십 장의 도면과 문서를 작성하며, 가장 중요한 건 공정배관계장도, 즉 P&ID 작성이다. P&ID는 프로세스설계에서 가장 중요한 도면이다. 예를 들면 가스가 저장되는 압력탱크, 그 탱크의 앞뒤로 가스와 액체가 이송되는 배관, 그러한 가스와 액체의 흐름을 막거나 조절하는 밸브, 가스와 액체가 얼마나 흐르는지 파악할 수 있는 계측기 등 다양한 설비의 조합을 보여준다. 이렇게 여러 설비를 조합한 후 크기와 사양을 결정하기 위해 다시 한 번 세부적인 계산을 거친 다음 결과를 도출한다.

시스템별 업무와는 달리 스터디별 업무는 업무의 특성상 고도의 기술이 필요하므로 특정 분야의 전문가를 선발해 일을 한다. 앞서 설명한 공정시뮬레이션 분야나 파이프라인 유동해석 분야 등 다양한 전문 분야가 있으며, 도면이나 문서를 직접 작성하기보다는 컴퓨터 시뮬레이션을 활용하는 경우가 많다. 전체 시스템에서 얼마만큼의 가스가 이송되고 각 상황에 따라 온도와 압력이 어떻게 되는지 등을 계산해야 하는데, 수백만 종류의 장치와 배관을 수작업으로 통합 계산한다는 건 거의 불가능하므로 공정시뮬레이션 분야에서 ASPEN HYSYS와 같은 프로그램을 쓰듯 컴퓨터 소프트웨어를 활용한다. 시뮬레이션 프로그램을 활용해도 워낙 복잡하고 고도의 기술이 필요하며 시간도 오래 걸리는 작업이기 때문에 전문가를 따로 두는 것이다. 이들 역시 프리랜서로서 프로젝트별로 이 작업만 수행한다.

이렇게 오리스 엔지니어링 담당자들이 여러 설계 업무를 진행하는 동안 우리 파견팀은 설계가 제대로 진행되고 있는지 관리감독하고 검토하는 역할을 한다. 초기 상세설계가 마무리되고 자료를 모두 넘겨받은 후에야 중요한 사항이 누락되거나 잘못됐다는 걸 발견하거나 이보다도 훨씬 후에 공사 후반부에야 발견하면 막대한 수정비용이 들기 때문에 초기 상세설계 단계에서 정말 세심하게 검토해야 한다. 우리 회사가 수행한 공사 중 이런 실수로 큰 고생을 한 적이 있었다. 당시 협력했던 엔지니어링회사가 제대로 완성되지 않은 설계물을 전달했고, 우리도 이를 제대로 검토하지 않아 플랜트를 제작하고 설치할 때 각종 오류가 발견된 것이다. 플랜트는 당장 해외 현장으로 이동해야 해서 제대로 수정하지 못했고, 그 후 해상 현장에서 수정하느라 몇 배의 노력과 자금이 들어간 적이 있었다.

엔지니어링회사는 아무래도 초기설계를 위주로 하다 보니 이후 현장에서 문제가 생기면 그 피해가 얼마나 클지 쉽게 가늠하지 못하고 넘어가는 경우가 많다. 따라서 이후에 생기는 문제를 최소화하려면 플랜트를 직접 만들고 설치하는 우리가 더 꼼꼼해야 한다. 우리 파견팀은 쏟아져나오는 설계물을 면밀하게 검토하고 피드백을 주었다. 파견팀에서 프로세스설계 담당자는 김채진 차장님과 나밖에 없었기 때문에 본사 설계팀에 많은 설계자료를 보내 도움을 요청했다.

매일매일 빠르게 진행되는 프로젝트 일정으로 하루하루가 정신없이 지나갔다. 전문적인 엔지니어링사 업무를 직접 경험하며 새로운 것을 배운다는 보람도 있었지만, 나와 비슷한 경력임에도 뛰어난 실력을 가진 오리스 엔지니어링의 엔지니어들을 보니 내 실력이 얼마나 부족한지도 뼈저리게 느꼈다.

500장의 공정배관계장도는 시작일 뿐

시간은 흘러 500여 매에 이르는 방대한 분량의 공정배관계장도, P&ID의 첫 번째 버전이 완성되었다. P&ID는 앞서 말했듯 플랜트를 건설할 때 가장 기본이 되는 도면이다. 플랜트에 설치될 각종 장치, 밸브, 계기와 이와 연결되는 배관라인, 계기라인 등을 표시하므로 이 도면이 완성돼야 배관설계, 전계장설계 등의 주요 제작설계를 진행할 수 있다. P&ID는 모든 설계의 근간이 되는 도면이므로 프로젝트 수행 초반에 작성되어 관련 부서들에 배포된다. P&ID는 보통 IFR Issued for Review, IFA Issued for Approval, AFD Approved for Design, AFC Approved for Construction 이렇게 총 네 단계의 공식절차를 거쳐 완성된다. 네 단계를 거쳐 완성된다고 말하긴 했지만, 실제로는 그렇게 간단하지 않다. 프로젝트가 끝날 때까지 계속 수정되기 때문이다. 프로젝트 가장 초반에 나오는

P&ID의 첫 번째 버전인 IFR 단계의 P&ID는 발주자의 리뷰를 위하여 작성되고, 두 번째 버전인 IFA 단계의 P&ID는 발주자의 의견을 반영한 개정 도면이다.

첫 번째 IFR 단계는 가장 처음에 작성한 초안에 대해 발주자에게 검토를 요청하는 단계로, 계약서에 적힌 주요한 프로세스설계 개념과 요구조건을 반영해 발주자에게 보낸다. 이 단계는 아직 플랜트가 건설되기 전이므로 변경이 되더라도 심각한 영향은 미치지 않는다. 물론 계약금액이 초기에 정해지는 일시불lump sum계약의 경우 장치가 변경되면 비용이 추가될 수는 있지만, 현장작업에서의 추가적인 피해는 없다.

두 번째 IFA 단계는 IFR 단계에서 나온 발주자의 많은 의견을 반영하여 완성되며, 이 단계까지 오면 어느 정도 프로세스설계가 완성됐다고 볼 수 있다. 그렇다고는 해도 여전히 많은 변경이 생길 수 있다. 특히 안전이나 운전성 관점에서 면밀히 살피는 HAZOP Hazard and Operability 워크숍을 진행한 뒤에는 문제점이 대량으로 발생한다.

큰 문제없이 IFA 단계까지 승인이 나면 다음은 AFD 단계다. 플랜트 제작과 건설을 시작하기 직전에 설계승인을 받는 단계이며, 프로세스설계의 측면에서는 기본 콘셉트가 거의 잡힌 상태다. 즉 제어시스템의 구성이라든지 장치나 배관의 크기 등 플랜트 운영의 핵심적인 설계사항이 대부분 결정된 상황이다.

마지막 AFC 단계는 construction(건설, 공사)이라는 단어 그대로 제작과 건설을 위한 정보가 담기는 단계다. 주요 장치와 배관, 여러 연결 부위의 사이즈와 종류 등이 대부분 확정된 상태이며, AFC 단계에서 승인되면 본격적으로 플랜트의 조립과 설치가 시작된다.

살라맛 공사의 경우 P&ID 도면이 500장이 넘었으니 오리스 엔지니어링에서 20명 이상의 프로세스설계 엔지니어가 달라붙어 일하는 게 당연했다. P&ID를 작성하려면 그 전에 장치나 밸브 등의 크기를 정하는 사이징sizing 작업이나 시뮬레이션 작업이 먼저 진행돼야 하므로 그 업무는 배 이상이 될 수 있다. 다행스럽게도 살라맛 공사는 이미 입찰설계를 진행한 상태라서 도면초안을 갖고 있었다. 이런 초안도 없이 백지에서 그림을 그려야 한다면 매우 힘들었을 것이다. 내가 갓 신입이었을 때 연습 삼아 백지상태에서 P&ID를 그린 적이 있다. 한 장 완성하는 데 이틀이 꼬박 걸렸다.

프로세스설계 엔지니어가 손수 그린 도면은 알아보기 좋도록 오토캐드AUTOCAD라는 컴퓨터 도면작성 프로그램으로 다시 그린다. 엔지니어가 직접 이 프로그램을 활용하기는 어려우므로 캐드작업만 전문적으로 하는 별도 팀에 의뢰해서 작성한다. 오리스 엔지니어링과 우리 회사에는 이렇게 캐드작업만 전문으로 하는 엔

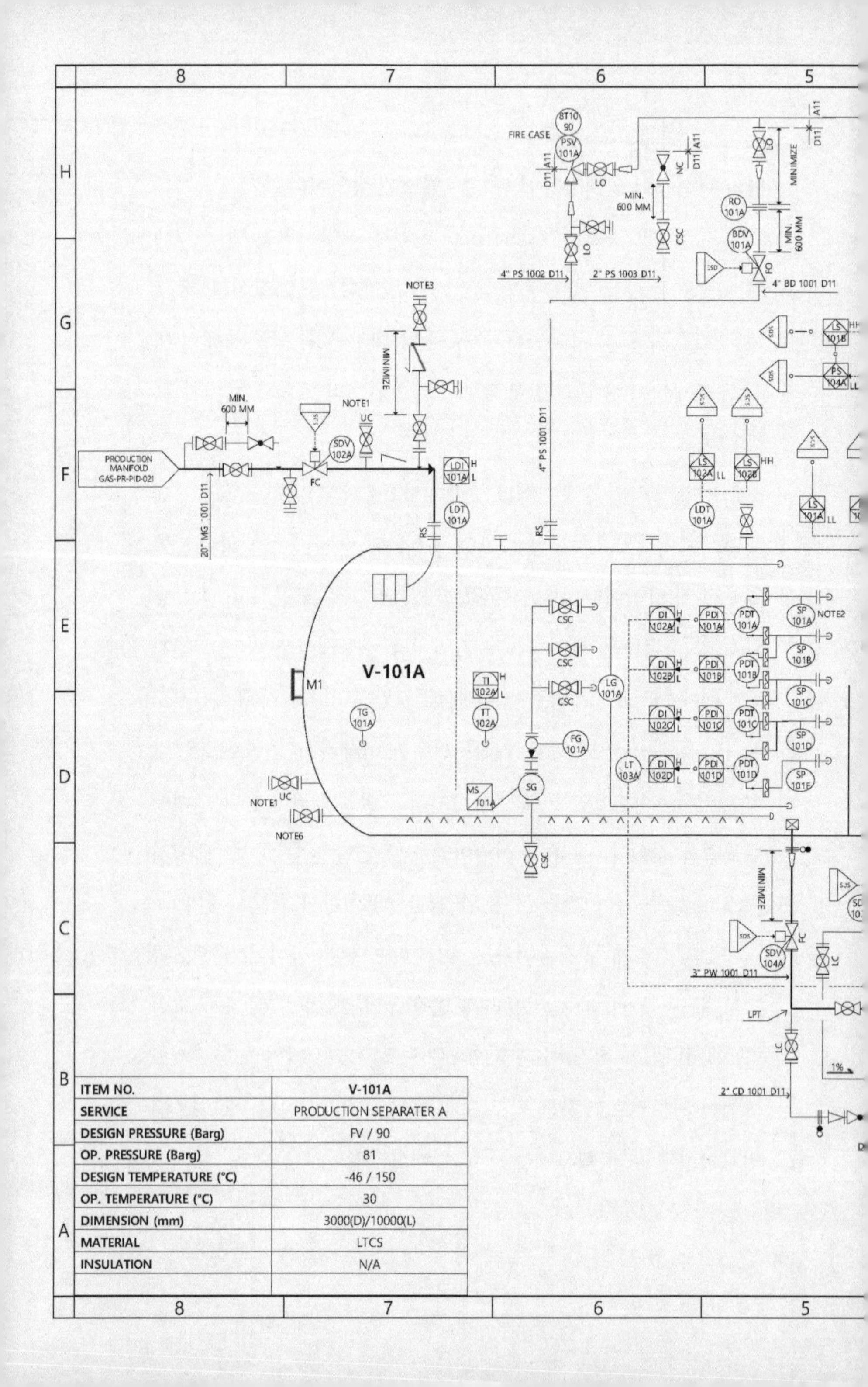

ITEM NO.	V-101A
SERVICE	PRODUCTION SEPARATER A
DESIGN PRESSURE (Barg)	FV / 90
OP. PRESSURE (Barg)	81
DESIGN TEMPERATURE (°C)	-46 / 150
OP. TEMPERATURE (°C)	30
DIMENSION (mm)	3000(D)/10000(L)
MATERIAL	LTCS
INSULATION	N/A

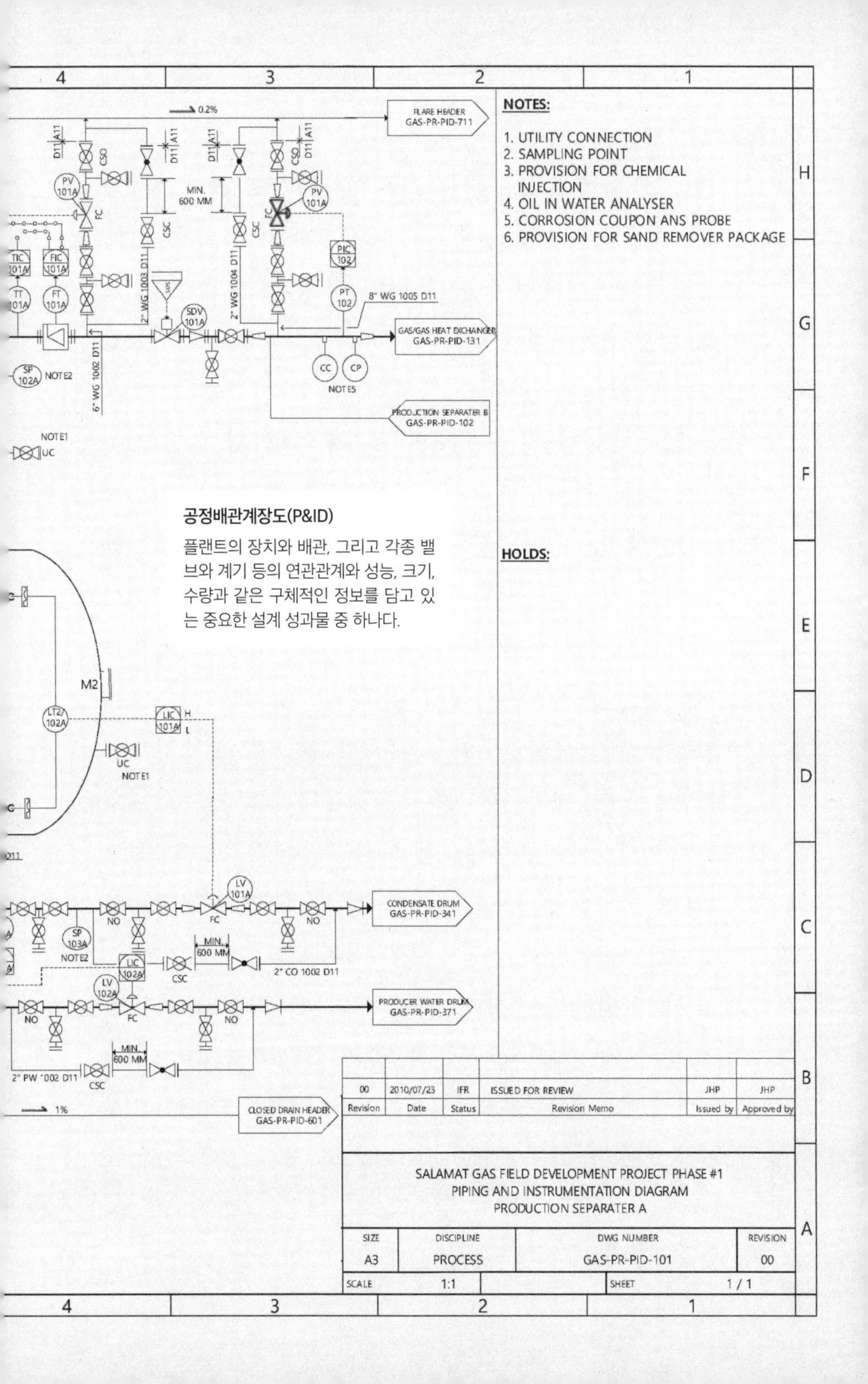

공정배관계장도(P&ID)

플랜트의 장치와 배관, 그리고 각종 밸브와 계기 등의 연관관계와 성능, 크기, 수량과 같은 구체적인 정보를 담고 있는 중요한 설계 성과물 중 하나다.

지니어가 따로 있다. 그러나 이들은 엔지니어링보다는 그림작업을 중점적으로 하기 때문에 프로세스설계 엔지니어가 원하는 캐드 그림이 한 번에 완성되는 경우는 거의 없다. 말끔하게 캐드로 옮겨진 도면을 출력해 형광펜으로 하나씩 칠하면서 체크해보면 오류사항이 많이 발견되므로 수정작업을 여러 번 거친다. 이렇게 고생스럽게 작업을 끝내면 P&ID 첫 번째 버전이 완성되고, 발주자에게 전달돼 세부적인 검토가 시작된다.

살라맛 프로젝트의 첫 번째 P&ID 버전이 나오자 발주자인 탑 E&P의 엔지니어가 꼼꼼하게 검토한 후 빽빽하게 의견을 적어서 보내주었다. 발주처 엔지니어는 밀려드는 수백 장의 도면을 빠른 시간 안에 검토해야 한다. 계약조건에 따라 다르지만 받은 도면은 보통 15일간의 검토기간 안에 회신해야 한다. 검토할 도면이 한꺼번에 나오는 것은 아니고 두 달에 걸쳐 몇 세트로 나뉘어 나오는데, 현재 오리스 엔지니어링에 파견된 발주처 엔지니어는 두 명이므로 두 달 동안 각자 250장의 도면을 검토해야 한다. 또한 각종 회의까지 참석해야 하므로 엄청나게 바쁘다. 이렇게 전문적인 업무를 정확하고 빠르게 처리해야 하므로 발주자에게 고용된 엔지니어는 20년 이상의 풍부한 경력을 가지고 있으며 실력이 뛰어나다. 이들은 보통 프로젝트 단위로 일하는데 책임이 막중하고 전문성도 보유한 만큼 보수도 상상 이상으로 높다. 계약직이라 할

지라도 시급이 100만 원이 넘을 정도로 높은 보수를 받는다. 우리 프로젝트에 참여하는 피터 챙이나 앤드루 리빙스턴 역시 실력이 아주 좋아서 핵심적이면서 민감한 코멘트를 많이 해주었고, 대우도 아주 좋았다.

그러나 우리 입장에서는 공사계약이 일시불, 즉 정해진 금액 안에서 프로젝트를 완수해야 하는 형태이므로 발주자의 모든 의견을 다 들어줄 수는 없고 면밀하게 검토한 후 합리적으로 반영해야 한다. 그럼에도 계약서에 없는 사항을 과도하게 요구할 때는 변경요구서change order, C/O라는 공식 문서를 발주자에게 요청한다. 계약서에 없는 사항이면 정해진 금액 안에 포함되어 있지 않은 사항이다. 이를 발주자의 확인도 없이 반영했다가는 고스란히 적자로 이어질 수 있기 때문에 따로 문서를 발행해 발주자가 확인하도록 하는 것이다. 살라맛 프로젝트는 과도한 요구가 없는 편이었지만, 우리 회사가 예전 수행했던 중동 공사의 경우 계약서가 모호하게 돼 있는데다가 발주처 엔지니어가 과도한 요구를 많이 해서 정말 어려웠다고 한다.

1단계 P&ID인 IFR에 대한 갖가지 의견을 모두 반영하여 2단계 P&ID인 IFA가 발행됐다. IFR이 초기설계 사항의 '확인'과 '오류잡기'에 중점을 두었다면 IFA 버전은 발주자의 '승인'을 위한 도면이며, 특히 앞으로 있을 HAZOP(공정상의 위험요소와 운전성을 검토하는 워크숍)을 위해서도 활용된다. 발주자가 IFA를 승인하면 각종 장치 제작과 플랜트 건설을 시작하는 단계에 들어선다. 그러나 승인단계인 만큼 발주자는 여러 가지 까다로운 요구를 하며 쉽게 승인해주지 않는다. 승인이 빨리 되지 않으면 제작이나 설치를 위한 후속 부서의 업무에 지장이 생기기 때문에 승인을 앞두고 우리는 거의 매일 회의를 열어 발주자인 탑 E&P, 오리스 엔지니어링 담당자와 함께 P&ID 도면을 검토했다. 발주자가 빨리 승인할 수 있도록 우리는 핵심 사항들을 설명하고 의문점은 바로바로 해결했다.

회의에서 논의된 주요 사항들은 전부 회의록에 기록한 후 양측의 사인을 받아서 보관한다. 이 문서는 프로젝트를 수행할 때 가장 중요한 문서 중 하나다. 프로젝트가 4~5년 이상 수행되는 것을 감안하면, 그 기간 동안 각 회사의 담당자가 바뀔 수 있으므로 반드시 공식적인 기록을 남겨 이후에도 참고할 수 있도록 해야 한다. 나이지리아 공사 때는 이런 일도 있었다. 발주처 엔지니어가 도중에 바뀌었는데, 예전 엔지니어는 함께 일하기 편했던 반면 새로 온 엔지니어는 자존심이 매우 세고 성격이 좋지 않았다. 이 엔지니어가 기존 설계사항을 뒤집고 바꾸려고 해서 크게 고생할 뻔했다. 이때 큰 탈 없이 무사히 넘어갈 수 있도록 해준 것이 바로 이 회의록이었다. 이런 일을 겪고 나니 프로젝트를 진행할 때는 악착 같이 기록을 남기려고 한다.

피하고 싶지만
피할 수 없는 계약분쟁

멋진 도시 파리에 와 있건만 눈코 뜰 새 없이 바쁜 업무로 파리를 만끽할 틈도 없이 매일이 빠르게 지나갔다. 평일에는 일을 끝내고 저녁식사를 하면 밤 9시나 되니 나가서 뭘 할 수도 없었다. 주말이나 돼야 잠깐 근처를 다녀오며 스트레스를 해소할 수 있었다. P&ID 두 번째 버전이 나왔지만 여전히 해결되지 않은 문제가 쌓여 있어서 매일 회의의 연속이었다. 입찰설계 때는 반영되지 않았으나 프로젝트가 본격적으로 진행되고 있는 지금 여러 가지 계약사항이 상충되면서 논쟁이 계속됐다.

MTR Minimum technical requirement(최소 기술적 요구조건)이라는 아주 중요한 문서가 있다. 이 문서는 프로젝트 전반에 걸쳐 설계, 구매, 건설이라는 각 EPC 구성요소별로 무조건 반영되어야 하는 요구조건을 짤막하게 정리해놓은 문서다. 살라맛 프로젝트의 프로세스설계의 경우 처리되는 천연가스의 용량과 품질, 공정시스템과 안전시스템을 위해 구비해야 하는 필수 구성품, 설계할 때 사용할 컴퓨터 시뮬레이션 프로그램까지 상당히 상세한 요구조건이 적혀 있다. MTR이 없는 대부분의 다른 프로젝트는 분량이 방대한 계약문서를 그대로 봐야 하는 경우가 많아 힘들다. 다행히 살라맛 프로젝트는 MTR이 있어서 핵심 사항을 한눈에 알아보기가 조금 나았다.

핵심 사항을 간단히 요약해 정리했다고 하지만, MTR 문서는 모든 부서의 요구조건이 한 문서에 담겨 있다 보니 400장에 달했다. 게다가 P&ID 같은 주요 설계물보다도 상위 레벨로 간주된다. 그러니까 계약도면에는 반영되어 있지 않다 해도 MTR 문서에서 요구하고 있다면 무조건 반영을 해야 하는 것이다. 엄청나게 중요한 문서다 보니 입찰설계 때 MTR의 조건이 수많은 설계문서와 도면에 빠짐없이 반영될 수 있도록 최선을 다 하지만, 누락되는 경우가 종종 생긴다. 엔지니어링도 사람이 하는 일이다 보니 생기는 일이다. 하지만 일단 발견되면 아주 민감한 논쟁거리가 될 수밖에 없다. 계약자인 우리 회사는 14억 달러라는 정해진 금액만 받고 공사를 완수해야 하기 때문에 금액에 반영되지 않은 계약조항이 툭 튀어나오면 발주자와 논쟁이 벌어진다. 만약 방어에 실패하면 고스란히 그 비용을 감수해야 함은 불을 보듯 뻔하다.

당시 첨예한 논쟁의 중심에 있던 사항은 바로 Future provision(미래를 위한 요구조건)이다. 오일이나 가스생산 플랜트는 수십 년간 일정하게 오일이나 가스를 뽑아내야 하므로 처음부터 플랜트를 완벽하게 짓는 것이 아니라 미래에 설비를 추가 설치하거나 보강하는 식으로 진행한다. 살라맛 플랜트는 30년 정도 일정한 양의 가스를 싱가포르로 수출할 예정이다. 그런데 이렇게 한 곳에서 가스를 계속 뽑아내면 가스는 점점 고갈되고 압력은 낮아진다. 압력이 어느 이하로 내려가면 기존의 설비로는 원하는 만큼 압축이 어려워지니 압력을 보강하기 위해 부스팅boosting 압축기를 추가로 설치해야 한다. 해상플랜트에서는 이런 대용량의 압축기를 당장 설치하지 않더라도 장래에 설치할 수 있도록 플랫폼의 바닥 부분인 데크deck를 여유 있게 확장하여 비워놓는다.

줄어드는 가스생산을 보강하는 다른 방법도 있다. 살라맛 프로젝트의 경우 수십 킬로미터 떨어진 곳에 가스전을 추가로 확보해 놓았고 15년 후 가스만 뽑아낼 수 있는 작은 플랫폼을 지을 계획이었다. 다른 가스전에서 뽑아낸 불순물 섞인 가스혼합물을 우리가 건설한 이 해상플랫폼으로 이동시켜 함께 처리할 계획인 것이다. 그러려면 새 파이프라인을 위한 연결 부위가 준비되어 있어야 한다. 20인치 이상의 대단히 큰 파이프라인이기 때문에 연결 부위도 어마어마하게 클 터인데, 다행스럽게도 입찰설계 당시 MTR

에 적혀 있는 발주자의 요구사항대로 P&ID에 잘 반영되어 있었다. 아무 문제도 없을 것처럼 보였다.

그런데 이 Future provision에 대해 발주처 엔지니어 피터 챙이 문제를 제기했다. 기존의 생산설비에 영향이 없게끔 연결할 수 있겠느냐는 이야기였다. P&ID를 보면 파이프라인을 연결할 때 오픈할 수 있도록 플랜지(어떤 배관과 다른 배관, 장치, 밸브 등을 서로 이어줄 때 사용하며 볼트와 너트로 조여서 체결한다)를 마련해두었지만, 밸브가 달려 있지 않아서 파이프라인을 연결하기 전 배관 내부에 차 있는 가스를 전부 빼내려면 어쩔 수 없이 공장의 가동을 모두 멈춰야 했다. 발주자 입장에서는 며칠만 가동을 중단해도 수십억 원이 날아가기 때문에 큰 문제였다. 하지만 계약자인 우리도 난감했다. 발주자의 의견을 반영하면 좋겠지만, 요구되는 밸브가 너무 커서 설치하려면 넓은 공간이 필요하고 공간을 넓히려면 플랫폼의 중량이 늘어나 밑을 받치고 있는 구조물을 더 보강해야 하는 등 연속적으로 문제가 불거져나왔기 때문이다.

하지만 발주자가 문제를 제기한 이상 우리는 공식적으로 마무리를 지어야 했다. 우선 문제의 시발점이 된 MTR에 있는 간단한 문구인 'Future provision은 향후 설치 시 생산에 지장이 없도록 해야 한다'에 대한 해석을 위해 회의를 시작했다.

우선 오리스 엔지니어링의 스테판 택시가 상황을 설명했다. 계약패키지에 포함된 입찰 P&ID 도면에는 명확하게 추가 설비를 위한 밸브가 나타나 있지 않으므로 문제가 되고 있는 MTR 문구를 확대 해석하여 반영할 수 없고, 설사 반영한다고 해도 추가적으로 데크를 확장하거나 구조를 보강하는 등 문제점이 더해지기 때문에 반영이 어렵다고 설명했다. 이에 대해 발주자 측의 피터 챙은 MTR 조건이 입찰 P&ID 도면보다 상위 요구조건으로 간주되므로 무조건 반영해야 한다고 강력하게 주장했다. 서로 자신의 입장을 고수하며 팽팽한 신경전을 벌였지만 지금 당장 기술적인 해결책을 내놓긴 힘든 상황이라 오리스 엔지니어링과 우리가 방법을 찾아보기로 하고 회의는 종료되었다.

회의가 끝난 후 우리는 오리스 엔지니어링과 내부 협의를 시작했다. 계약문서들 간의 불일치로 인해 발생했지만 발주처 엔지니어의 이야기대로 MTR이 상위 요구조건이니 대책이 있어야 했다. 게다가 계약 P&ID 도면에는 밸브가 표시되어 있지 않지만 프로젝트를 완수하려면 밸브를 달든 다른 대안을 세우든 해결책이 있어야만 했다. 어떻게 하면 생산을 멈추지 않고 파이프라인을 연결할 수 있을지 검토하던 중 연결 부위에서만 가스를 빼내는 작은 배출 설비를 마련하자는 방안이 나왔다. 본래 설계도면에서 요구하고 있는 사항은 아니었고 설비를 추가로 설치해야 했기 때문에 우리가 손해를 보는 상황이었지만, 감수할 수 있는 정도였다.

우리 회사와 오리스 엔지니어링은 우선 동의를 했고, 이 해결책에 대한 스케치와 내용의 초안을 작성해 우리 프로젝트 매니저 채명진 부장님의 결재를 받아 발주처에 공식레터를 발송했다.

발송된 레터를 받자마자 발주처에서도 협의를 시작한 것 같았다. 사실 발주처도 현 시점에서 무조건 계약서대로 반영하는 것이 물리적으로 불가능하다는 것을 알고 있었고, 우리 측 대안이 나쁘지는 않았는지 레터를 받은 다음 날 바로 회의를 요청했다. 지난번 논쟁으로 서로 불편한 상황에서 재개된 회의였지만 다행히 발주처에서 한발 물러서 우리의 제안을 수용하겠다는 태도를 보였다. 다만 작업 시 안전에 우려가 있으니 밸브가 갑자기 열리지 않도록 하는 추가적인 안전장치를 반영해 달라고 요청했다. 발주처에서 요구한 안전장치를 반영해도 크게 문제가 없는 상황이기에 우리는 이를 수용하기로 했다. 회의는 원만하게 끝났고 다음 날, 발주처는 우리 제안을 받아들이겠다며 공식레터를 보내왔다.

수백, 수천 개의 설계문서와 도면이 유기적으로 연결되어 있는 플랜트 엔지니어링에서 한 번 쓴 단어나 문장에 대해 각자 해석이 달라 계약분쟁을 일으킬 수 있다는 것을 깨닫는 기회였다. 이렇게 부딪힐 때도 중요한 건 자신의 입장을 고집하기보다 함께 모여 다양한 방향에서 해결책을 찾는 것이고, 그것이 문제해결을 위해 훨씬 좋은 방법이라는 것도 알게 되었다.

전투에 임하는 자세로 참여하는 HAZOP

파견을 온 지도 4개월. 바쁜 나날 속에서도 주말에는 파리 인근으로 여행도 갔다오고 적당히 스트레스도 풀며 나름대로 파견생활을 즐기고 있었다. 프로젝트는 이제 공식적으로 도출된 두 번째 버전의 P&ID를 활용하여 HAZOP을 진행하는 단계에 들어섰다. HAZOP은 Hazard and Operability의 약자로 '공정 위험요소 및 운전성 검토'를 뜻한다. 즉 플랜트의 핵심 도면인 P&ID를 보면서 그 공정에 위험한 요소가 없는지Hazard, 공장을 원활하게 운영할 수 있도록Operability 잘 설계되었는지를 면밀하게 검토하는 일종의 워크숍이다.

HAZOP은 브레인스토밍 방식으로 각자의 의견을 자유롭게 이야기하며 진행된다. 워크숍 진행자가 압력이 높아질 수 있는 원인과 그 결과에 대해 토론하자고 제안하면 참석자는 원인을 찾고,

그러한 상황이 발생했을 때 문제를 해결할 수 있는 방안이 마련되어 있는지를 확인한다. 만약 적절한 방안이 마련되어 있지 않다면 다른 장치를 추가로 설치해서 시스템 안전성을 보강해야 한다.

운전과 안전에 관련된 여러 가지 문제점을 찾고 개선점을 반영해야 하므로 HAZOP은 각 도면별로 아주 상세하게 진행된다. 500장이 넘는 P&ID 도면을 다 검토하려면 짧아도 한 달, 길면 몇 달 동안 진행되기 때문에 정말 중요한 일이긴 하지만 매우 고된 일이기도 하다. 특히 힘든 것은 입장 차이에서 비롯된 갈등이다. HAZOP을 진행하다 보면 발주자와 계약자 간에 신경전이 치열해진다. 프로젝트를 정해진 금액 안에서 수행해야 하는 계약자의 입장과 그 금액 안에서 최대한 많은 사항을 반영하려는 발주자의 입장이 첨예하게 부딪히기 때문이다. 발주자는 나중에 플랜트를 운영할 때 최대한 편리하길 바라므로 많은 것들을 요구한다. 하지만 계약자 입장에서는 이미 정해진 프로젝트 비용 안에서 융통성을 발휘하는 게 쉽지 않다. 이 때문에 우리는 계약 밖 사항에 대해서는 최대한 방어하려고 노력한다. 계약서를 근거로 하여 정말 필요한 사항은 반영하지만, 계약서 범위를 넘어서는 사항에 대해서는 발주자가 추가적인 비용을 부담해야 한다고 요구한다.

HAZOP 워크숍은 보통 안전 관련 전문업체의 전문가를 불러서 진행한다. 초빙하는 전문가를 의장chairman이라고 부르는데, 중

립의 입장에서 워크숍을 원활하게 진행해야 하고, 특히 발주자와 계약자 사이에서 심한 논쟁이 벌어지면 적절하게 제어할 수 있어야 한다. 물론 플랜트 공정의 기술적인 사항도 모두 잘 알고 있어야 하므로 20년 이상의 경력자가 맡는다.

의장뿐만 아니라 중요한 역할이 서기scriber다. 서기는 워크숍에서 논의된 핵심 사항들을 기록하는 사람인데, 워낙 많은 사람들이 정신없이 발언하기 때문에 이를 정리해 기록하는 것은 쉽지 않은 작업이다. 이 때문에 의장은 실력 있고 마음이 잘 맞는 서기와 함께 활동한다.

의장과 서기가 도착하고 드디어 HAZOP 워크숍이 시작됐다. 발주자인 탑 E&P, 계약자인 우리 회사 그리고 오리스 엔지니어링의 많은 담당자가 워크숍에 참석했다. 시스템의 개선과 비용문제가 걸려 있는 중요한 워크숍인 만큼 이번에도 모든 사람들의 신경이 곤두서 있었다. 발주처에서는 프로세스설계와 계장설계 등 설계담당자 말고도 향후 플랜트를 직접 운전하게 될 운전원operator들이 주로 참석했다. 특히 발주처에서 운전과 유지보수 총대장을 맡고 있는 데이비드 패터슨은 풍기는 아우라가 범상치 않았다. 함께 온 운전원들 또한 프로젝트팀이 아니라 운전팀에 소속된 사람들이었다. 이들은 플랜트를 실제로 사용하는 사람들이기 때문에 어찌 보면 최종 고객이자 가장 까다로운 사람들이다.

우리 회사와 오리스 엔지니어링에서는 프로세스설계와 계장설계, 안전설계 등 설계담당자들 위주로 참여했다. 한 달이나 걸리는 긴 워크숍이기 때문에 프로세스설계 책임 엔지니어만 전 기간 참여하고 시스템별 담당자는 해당할 때만 참여하기로 했다. 우리 회사는 관전자의 입장에 있으면서도 중요한 사항을 결정하는 역할을 해야 했다.

플랜트의 첫 시스템인 가스전 P&ID 검토로 HAZOP 워크숍을 시작했다. 해저에 묻혀 있던 가스가 처음으로 올라오는 부분에는 많은 밸브가 설치되어 있고, 워낙 압력이 높아서 사고 위험이 크다. 본격적으로 논의를 시작하자 예상대로 발주처에서 많은 지적이 나왔다. 특히 발주처 운전팀의 의견이 쏟아져나왔는데, 이곳에 왜 밸브가 설치되어 있지 않느냐부터 안전시스템이 잘 구비되지 않은 것 같다는 등 갖가지 의견이 나왔다. 오리스 엔지니어링의 책임 엔지니어인 스테판 택시가 이런 의견들에 논리적으로 잘 대처해서 다행스럽게도 중대한 변경사항은 생기지 않았고, 반영해야 하는 변경사항도 우리 측에 큰 피해가 없는 것들이었다. 간혹 설계사항에 대해 정확히 모르는 발주처 운전원이 계약서를 넘어서는 과도한 요구를 할 때도 있었지만, 워크숍 의장의 적절한 중재로 일단락될 수 있었다.

하루 종일 첨예하게 진행된 HAZOP 첫 날은 큰 탈 없이 잘 마무리되었지만 이것은 시작에 불과했다. HAZOP이 진행될수록 발주처의 거친 공세가 시작되었다. 그러던 중 지난 번 계약분쟁을 거쳐 종결되었던 Future provision에 대한 사항이 다시 한 번 불거졌다. 15년 후 새로 설치할 플랜트와 연결하기 위해 미리 자리 잡아둔 파이프 설치공간 말이다. 발주처 운전원들은 그 문제에 대해서 여전히 불만이 많았던 모양이다. 특히 운전팀 총대장인 데이비드 패터슨은 가스배출 설비를 따로 설치해도 실제로 운전할 때 문제가 생기기 때문에 발주처의 원래 요구대로 대형 밸브를 설치해야 한다고 주장하기 시작했다. 발주처 프로젝트팀은 우리 제안에 동의했지만, 운전팀은 완벽하게 동의하지 않았던 모양이다. 그러나 아무리 운전팀에서 마음에 들어 하지 않아도 이미 공식적인 레터를 통해 종결된 사항이다. 공식적으로 매듭을 지었기 때문에 피터 챙과 다른 발주처 엔지니어들이 우리의 입장을 함께 대변해 주었고, 기나긴 설명 끝에 운전팀을 설득할 수 있었다.

이뿐만이 아니었다. 발주처 운전팀은 프로젝트 계약과는 관계없이 자신들이 운전하기 편한 방향으로 많은 의견을 냈다. 계약서에는 전혀 언급되지 않은 사항들을 요구하는 등 다소 막무가내인 상황이었고, 발주처의 프로젝트팀 또한 이들을 상대하느라 고단해 보였다. 이런 문제들이 계속해서 터지면서 HAZOP이 다소 지체되기는 했지만, 프로젝트는 역시 계약사항을 기준으로 수행하기 때문에 우리 측과 발주자 측의 프로젝트팀이 강하게 선을 긋고 워크숍을 진행했다. 든든한 스테판 택시와 김채진 차장님이 쏟아지는 발주처의 공격에 잘 대처하여 나머지는 비교적 순탄하게 진행되었다. 프로젝트 수행에는 워낙 많은 이해관계자가 얽혀 있으니 참 쉽지 않다는 것을 또 한 번 절감했다.

한 달 동안의 우여곡절 끝에 HAZOP은 마무리되었다. 흡사 전쟁 같은 HAZOP 워크숍에 참여하면서 앞으로 비슷한 상황에 놓인다면 나는 잘 할 수 있을까 걱정스러운 한편 자신감 없던 프로젝트 초기와는 달리 전체적인 업무가 점점 한눈에 들어오고 있었다.

큰 그림의 중요성을 알려준 파리를 떠날 시간

한 달 동안 진행된 고된 HAZOP 워크숍이 끝나고 대부분의 의견을 설계에 반영하고 나니 어느덧 또 다시 한 달이 흘렀다. 발주처 운전팀으로부터 정말 많은 의견이 나와서 이를 처리하느라 고생하기도 했지만, 결국 우리 측에 큰 영향 없이 잘 마무리되었다. 예전에 어떤 프로젝트는 HAZOP 워크숍에서 워낙 중대한 의견이 많이 나와서 이를 모두 반영하다 보니 결국에는 적자로 이어질 정도로 큰 문제였던 적이 있었다고 한다. 플랜트 건설사와 설계를 담당하는 엔지니어링사가 합심하여 계약서를 근거로 반영할 것은 반영하고 반영하지 못할 것은 추가금액을 요구하는 식으로 철저하게 진행했어야 했는데 실패한 것이다.

이렇게 HAZOP이 별탈없이 끝나고 주요 사항이 반영되면 초기 상세설계를 담당했던 오리스 엔지니어링의 주요 업무는 끝난다. 오리스 엔지니어링은 기대 이상으로 전문적이고 훌륭한 설계 회사였다. 프로젝트를 수행할 때 큰 무리가 생기지 않을 정도로 상세설계 초안을 완벽하게 잡아주었다. 파리로 오기 전에 가졌던 궁금증, 해외 유수의 발주자들은 왜 전문 엔지니어링사에 일을 맡기는지에 대한 답을 얻을 수 있었다.

엔지니어가 온갖 잡일까지 알아서 해야만 하는 우리 회사와는 달리 본인 고유의 업무에만 집중할 수 있도록 많은 배려를 해주는 회사 시스템, 세부적인 부분보다는 전체적인 콘셉트를 중시하는 것이 이 회사의 강점인 것 같다. 아울러 발주자의 의견에 논리적으로 대처하면서 정말 필요한 사항은 계약자의 충격을 최소화하면서 반영해주니 신뢰를 얻을 수밖에 없다. 세부적인 것에만 신경 쓰면 정작 중요한 큰 콘셉트는 놓쳐 뒤로 갈수록 커지는 문제점을 발견하지 못할 수도 있는데, 이를 사전에 방지하는 완벽한 설계능력이 오리스 엔지니어링의 강점이었다. 큰 그림을 보고 핵심이 무엇인지 파악하는 능력의 중요성을 새삼 깨달았다.

오리스 엔지니어링은 우수한 설계능력뿐만 아니라 팀워크에서도 강력했다. 엔지니어링회사의 역량이 안 되거나 호흡이 안 맞으면 초기 상세설계가 제대로 마무리되지 않아 뒷수습으로 고생하는데, 이번에는 매우 성공적이었다. 특히 오리스 엔지니어링의 프로세스설계 책임 엔지니어인 스테판 택시와 정말 열정적이고 적극적으로 업무를 수행했던 참여 엔지니어들의 공이 매우 컸다.

나는 HAZOP 워크숍이 진행되는 동안 업무시간에는 워크숍에 참석하고, 그 후에는 본사 대응 등 여러 가지 업무를 처리하느라 정신없는 나날을 보냈다. HAZOP 워크숍이 끝나고 발주자의 의견까지 반영하고 나니 이제 파리를 떠나야 할 때가 왔다. 오리스 엔지니어링에서의 철수는 초반 세팅과 마찬가지로 매우 신속하게 이루어졌다. 이미 대부분의 현지 엔지니어들은 다른 프로젝트를 위해 이동한 뒤였고, 우리 사무실도 오리스 엔지니어링의 협조 아래 빠르게 정리됐다. 아파트 역시 일주일 사이에 깨끗하게 정리됐다.

짧은 해외 현장연수기

내가 근무한 한국중공업은 세계 각국에서 선박과 해양플랜트 프로젝트를 수주하여 수행하고 있으며 주요 고객은 해외의 선주나 오일회사다. 고객이 세계 다양한 곳에 걸쳐 있기 때문에 영어 등 외국어실력은 물론이고 각국의 문화나 환경도 잘 파악하고 있어야 한다. 이를 위해 입사 후 1~2년이 지나면 각 사업부는 해당 사업과 가장 관련이 큰 곳으로 약 10일 간 해외연수를 보내준다. 해양플랜트 사업부는 보통 중동에 있는 쿠웨이트, 사우디아라비아, 아랍에미리트 등으로 연수를 가는데, 모두 우리 회사의 해외 플랜트 현장이 위치한 곳이다. 연수기간 동안 우리는 현장을 방문하여 프로젝트를 어떻게 수행하는지, 현지 직원들은 어떻게 생활하는지 체험한다. 나 역시 입사 2년차일 때 쿠웨이트와 사우디아라비아, 아랍에미리트로 해외연수를 다녀왔다.

중동으로 통하는 도시는 바로 아랍에미리트의 두바이. 사막의 기적으로도 불리는 두바이공항은 규모가 매우 컸고 사람들로 북적였다. 인상적이었던 것은 두바이공항의 화장실이다. 이곳 수도꼭지에서는 온수만 나온다. 외부에 있는 물 저장탱크가 뜨거운 햇볕에 달궈져서 온수만 나오는 것이다. 사막 가운데 도시를 건설하다보니 바깥은 이글이글 타오르고 건물 안은 에어컨을 너무 세게 틀어 추울 지경이었다. 그렇게 잠깐 두바이공항에서 중동을 느낀 후 쿠웨이트로 향했다.

엄격한 입국심사를 거친 후 쿠웨이트 국제공항을 나와 미리 준비된 버스에 올랐다. 온통 황무지인 곳을 한 시간 정도 달렸을까, 어느덧 사막 한가운데 있는 듯한 현장에 도착했다. 프로젝트 관리부의 한유섭 부장님이 맞아주었는데, 한유섭 부장님은 이곳의 공사를 책임지는 현장소장이었다. 한유섭 부장님은 중동 프로젝트를 많이 수행한 연륜과 경험에 걸맞게 강단 있는 모습에서 카리스마가 느껴졌다. 중동 프로젝트의 발주자는 상대하기가 유독 까다롭다고 한다. 예로부터 상업에 강점을 가진 그들의 엄격한 비즈니스 마인드를 감당하려면 이렇게 강단 있는 사람이 필요하다. 크고 작은 계약분쟁에 휘둘리지 않도록 해야 하고 다양한 국적과 배경의 근무자들이 조화롭게 일할 수 있도록 인력관리에도 능숙해야 한다.

현장숙소에서 하루를 묵은 다음 날 우리는 해상 현장을 견학했다. 해상현장에서 돌아올 때는 여객선을 탔는데, 선장이 우리에게 특별한 것을 보여주겠다며 오던 길과는 다른 곳으로 향했다. 30분 정도 지나니 저쪽 멀리에 뭔

전쟁이 시작되면 가장 먼저 파괴되는 곳이 에너지 생산시설이다

가 흉물스러운 구조물이 보이기 시작했다. 좀더 가까이 다가가니 상부는 파괴되고 하부에 재킷구조물만 이곳저곳에 얹혀 있는 해양플랜트였다. 고정식 재킷 위에 플랜트 플랫폼이 얹혀 있어야 정상인데, 플랜트는 파괴되고 녹아내린 재킷구조물만 있었다. 오래전 중동전쟁 당시 적군에게 공격을 받고 불타 녹아내린 흔적이라고 한다. 책에서 읽은 내용이 떠올랐다. 전쟁이 시작되면 가장 먼저 공격당하는 곳이 에너지 생산시설이라고 한다. 여기가 바로 그런 곳이었다. 플랫폼에 거주하던 사람들도 참변을 당했을 것 아닌가. 전쟁은 끔찍하다.

그렇게 충격적인 현장을 돌아본 후 여객선은 다시 쿠웨이트 육지에 도착했다. 우리는 다음 목적지 사우디아라비아로 가기 위해 비행기를 탔다. 사우디아라비아 역시 쿠웨이트와 비슷한 풍경이었다. 사막 위에 세워진 도시답게 삭막해 보였고 거리에는 사람이 잘 돌아다니지 않았다.

사우디아라비아 현장은 바다가 아닌 육지에 있는 플랜트 현장으로 거대한 원통형의 오일탱크를 건설하는 공사였다. 이곳의 현장소장인 전규한 부장님은 호탕하면서도 엄격한 스타일이었다. 우리를 환영하기 위한 건전한(?) 저녁 만찬이 준비되어 있었다. 양고기에 향신료가 가득 들은 음식에 맥주까지 있었는데, 알코올을 엄격하게 금지하는 나라답게 무알코올 맥주였다.

우리의 마지막 연수 현장은 아부다비에 있었다. 우리는 다시 아랍에미리트로 향했다. 아부다비는 사우디아라비아나 쿠웨이트에 비해 더 번화했고 이슬람문화 특유의 엄격함도 덜한 것 같았다. 아부다비 현장은 아직 공사가 제대로 시작되지 않아서 현지사무실만 방문했다. 단독주택에 자리 잡은 사무실은 마치 가정집 같은 분위기를 풍겼다. 이슬람적인 내부 인테리어에 둘러싸여 그곳 다과를 먹으니 이슬람문화 체험을 하는 것 같았다.

아부다비 연수를 마지막으로 해외연수가 끝났다. 10일 동안 여러 현장을 둘러보느라 깊이 경험했다고는 할 수 없지만, 현장에서 두 눈으로 본 것은 책으로 읽은 것과는 비교도 할 수 없을 정도였다. 또 회사 파견자 분들이 가는 곳마다 우리를 따뜻하게 맞아주어 진한 동료애를 느낄 수 있었다.

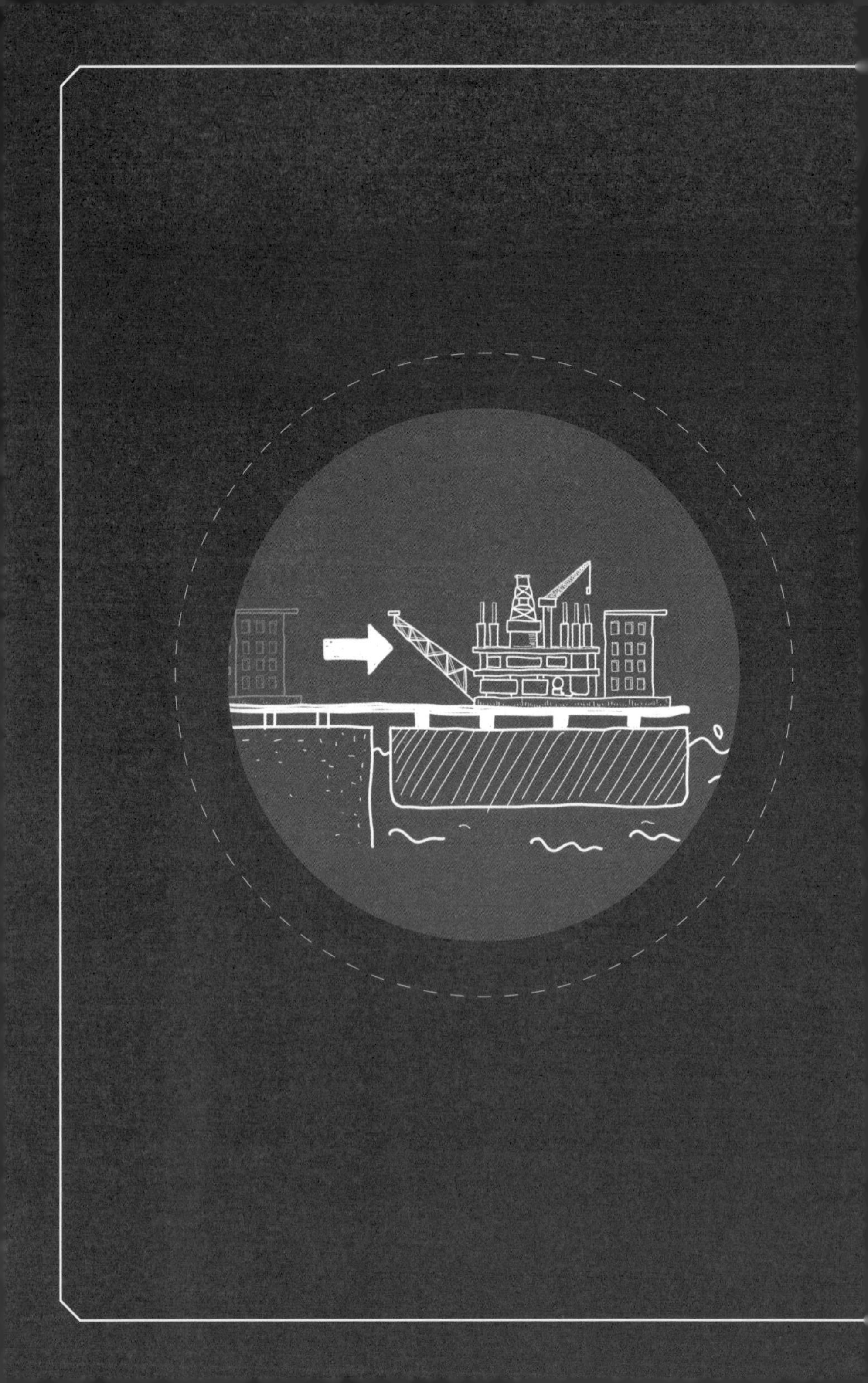

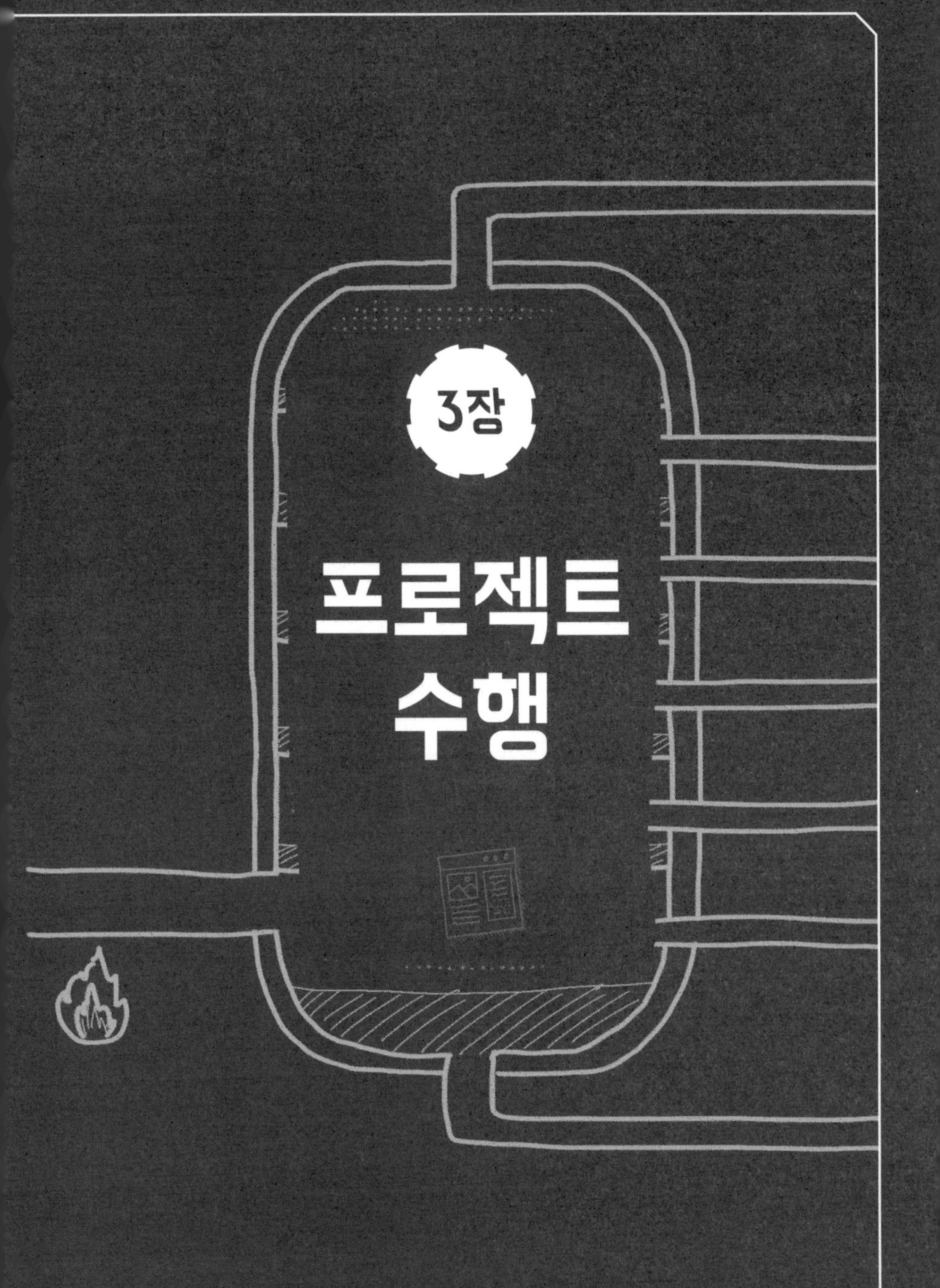
3장
프로젝트 수행

당당히 한 시스템을 맡게 되다

HAZOP 워크숍에서 제안된 대부분의 설계 변경사항을 반영한 후 우리는 바로 본사로 복귀했다. 언제 파리에서 일했었나 싶게 즉시 본사에서의 업무를 재개했다. 프로젝트가 워낙 빠르게 진행되기 때문에 제대로 된 휴가는 언감생심이었다.

다음 작업은 오리스 엔지니어링에서 수행했던 업무를 우리가 전부 넘겨받는 핸드-오버Hand-over다. 이제 거꾸로 오리스 엔지니어링 설계 엔지니어들이 우리나라로 파견을 와야 한다. 파견기간은 3개월 정도. 프로세스설계 담당으로는 총괄책임자인 스테판 택시, 그밖에 주요 시스템을 담당하던 다미앙, 파비앙 등 엔지니어들이 함께 오게 되었다. 스테판 택시는 경력이 상당히 풍부했던 반면에 다미앙과 파비앙은 경력이 5~6년 정도 되는, 우리나라로 따지면 대리급 엔지니어였다. 젊은 사람들이라 그런지 한국에 파견오기를 바랐고, 아시아에서 여가를 즐기는 것에 큰 기대를 하고 있었다. 이들 역시 우리처럼 한국에 와서 무엇을 하면 좋을지 많이 살펴보고 온 것 같았다. 사실 우리나라가 여전히 북한과 전쟁 중이라고 알고 있는 외국인이 많아서 우리나라의 안전을 걱정하는 사람도 있지만, 반대로 이런 상황에 흥미를 가진 사람들도 많다.

프로젝트를 수행하는 주체가 본사가 되면서 기존의 본사지원팀과 파견 다녀온 인원이 합쳐져서 제대로 된 프로젝트팀이 꾸려졌다. 프로세스2팀 대부분이 살라맛 프로젝트를 담당하게 되었고, 팀장인 김채진 차장님이 파리에 있는 동안 본사에서 프로세스2팀의 팀장 대행을 하던 정준철 차장님이 나이지리아 프로젝트를 이어서 수행하게 되었다. 선배들이 주요 공정시스템을 담당하는 가운데 나는 주요 유틸리티시스템과 함께 해저 파이프라인 공정 시뮬레이션 부분을 담당하게 되었다.

유틸리티시스템은 주요 공정시스템은 아니지만 실수가 생기면 공장을 운영하는 데 큰 문제가 생기는 매우 중요한 시스템 중 하나다. 플랜트에 공기를 공급하는 시스템이 제대로 작동하지 않으면 플랜트 곳곳에 설치되어 있는 자동밸브가 작동하지 않고 결국 플랜트도 가동되지 않는다. 플랜트에 물을 공급하는 청수freshwater 시스템에 문제가 생기면 플랜트에 상주하는 사람들은 제대로 생활할 수 없다. 플랜트에서 나오는 온갖 폐수와 오수를 처리하는 드레인drain 시스템도 문제가 생기면 플랜트 운전이 불가능하므로 각별히 신경 써야 하는 시스템 중 하나다. 무엇보다 유틸리티시스템은 플랜트 곳곳에서 다양한 용도로 활용되기 때문에 배관라인이 매우 복잡하게 배치돼 있어 정말 꼼꼼해야 한다. 나이지리아 공사에서도 유틸리티시스템을 담당했던 나는 자신 있게 이 일을 맡을 수 있었다.

내가 추가로 담당하게 된 해저 파이프라인 공정시뮬레이션은 전문적인 시뮬레이션 프로그램으로 해저에 깔려 있는 수십 킬로미터에 달하는 파이프라인 내 유동흐름을 시뮬레이션하는 업무다. 가스전에서 바로 뽑아낸 가스에는 물, 오일 등 각종 불순물이 섞여 있다. 이렇게 여러 물질이 혼합된 물질이 차가운 바닷속 파이프라인을 이동하면 온도가 떨어지면서 여러 문제가 발생한다. 가스전에서 올라올 때 압력이 매우 높은 상태의 가스가 물과 결합하여 얼면서 하이드레이트hydrate라는 고체(얼음)를 형성하는 게 특히 큰 문제다. 이 얼음이 점점 자라나서 파이프라인을 막을 수도 있고, 심하면 플랜트를 아예 가동시키지 못할 정도로 만들어버리기 때문이다. 파이프라인 내부의 가스를 빼내 압력을 줄이고 부동액 같은 화학물질을 넣어 녹이는 방법도 있지만, 해결하는 데 시간이 많이 걸리므로 애당초 얼음이 생기지 않도록 하는 것이 중요하다.

이러한 문제를 사전에 예측해 설계하고 운전조건을 정하기 위해 파이프라인 유동해석 프로그램을 활용한다. 워낙 중요한 작업인데다가 전 세계를 통틀어 거의 유일한 소프트웨어이다 보니 사용료가 연간 수억 원일 정도로 고가다. 하지만 플랜트가 멈춰섰을 때 발생할 수십억, 수백억 원 이상의 막대한 손실에 비하면 비싼 것도 아니다. 살라맛 프로젝트는 이미 오리스 엔지니어링의 전문가가 대부분의 시뮬레이션을 완료했지만, 일부는 변경될 수도 있어 내가 담당하게 되었다.

다른 시스템들도 담당자가 결정되고 후속 업무가 시작됐다. 오리스 엔지니어링이 작업한 설계도에서 주요한 설계사항들은 이미 확정되었지만, 각자 맡은 P&ID 수량이 수십 장에 이르고 여기에 관련된 각종 문서나 계산서들도 살펴야 하기 때문에 앞으로 힘든 나날이 계속될 것이다. 특히 상세설계 후반부에는 배관설계나 전계장설계처럼 실제 건설을 위한 생산설계를 하는 부서들과 직접 소통해야 하므로 사람을 상대로 하는 어려움도 더해질 것이다.

실제 플랜트를 머릿속에 그려준 3D 모델 리뷰

오리스 엔지니어링의 핸드-오버가 완료되고, 남아 있던 미반영 사항도 모두 반영되자 드디어 AFD 단계의 P&ID 도면이 공식 발행됐다. 파리에서 오리스 엔지니어링이 작성했던 IFR과 IFA 단계의 P&ID 도면이 상세설계 초기에 주요 공정의 설계사항을 확정하는 단계에 발행된다면, AFD^Approved for design^는 후속 제작과 생산설계로 들어가는 초입 단계이자 실제 플랜트 건설을 위한 단계에 발행된다. AFD 도면이 나오면 배관설계, 전계장설계 등 후속 설계담당자가 본격적으로 바빠진다. 지금까지 10인치 이상의 굵은 배관 위주로 설계해왔다면 이제는 그보다 작은 무수히 많은 배관을 본격적으로 설계에 반영해야 한다.

이 단계에서 필요한 것이 3D 모델 프로그램이다. 프로세스설계가 복잡한 계산을 대체하기 위해 ASPEN HYSYS 같은 공정시뮬레이션 프로그램을 설계업무 도구로 활용한다면, 배관설계는 복잡한 설계를 여러 명의 엔지니어가 동시다발적으로 수행하기 위해 3D 모델 프로그램을 활용한다. 3D 모델 프로그램은 말 그대로 입체적으로 장치와 배관의 형상을 배치하는 프로그램이며, 복잡한 플랜트를 직관적으로 설계할 수 있다. 불과 10년 전만 해도 대부분 2D 프로그램을 활용해 도면을 그렸는데, 3D 모델 프로그램이 도입되면서 설계작업이 엄청나게 편리해졌고, 작업효율도 높아졌다. 특히 여러 명의 엔지니어가 하나의 3D 모델 파일에 동시에 접속해 작업할 수 있다는 것도 큰 장점이었다.

본격적인 3D 모델링 작업은 P&ID의 첫 번째 단계인 IFR 도면이 발행된 후부터 시작된다. 살라맛 프로젝트는 입찰설계부터 오리스 엔지니어링이 작업했으므로 어느 정도 모델링 초안이 준비된 상태였다. 이후 IFR 단계에 수정사항을 반영하기 시작하면서 실제 건설하게 될 플랜트의 형상을 만들어갔고, 중간점검 차원에서 발주자와 함께 3D 모델 리뷰 회의를 하게 되었다.

프로세스설계에 HAZOP 워크숍이 있다면, 배관설계에는 3D 모델 리뷰가 그와 비슷한 이벤트다. 3D 모델 리뷰 회의는 HAZOP과 비슷하게 발주자와 계약자의 주요 관계자들이 한자리에 모여 진행한다. 플랜트의 각 층별로 주요 장치 주변을 함께 검토하고 수정할 사항을 찾는다. 마치 게임을 하듯 실제 플랜트 내부를 돌아다니면서 검토하는데, 플랜트의 구성장치와 부속품들이 매우 많기 때문에 일일이 검토하는 데 많은 시간이 소요된다.

3D 모델 리뷰 회의에는 발주자와 계약자의 배관설계, 프로세스설계, 안전 등과 관련된 엔지니어와 운전원이 참석한다. HAZOP 워크숍처럼 진행하는 전문가를 따로 부르지는 않고, 우리 배관설계 엔지니어가 진행한다. 몇 주에 걸쳐 주요 시스템별로 검토하는 회의라서 전체가 참석하지는 않고, 해당 P&ID 담당자만 참석해 진행한다. 가장 먼저 핵심 시스템인 가스분리·압축 등의 시스템을 살핀 다음 유틸리티시스템을 검토하는 식이다. 나는 시작할 때 착수회의에 참석하고, 유틸리티시스템을 검토할 때 참석하면 되었다.

3D 모델 리뷰 첫날, 착수를 위한 킥오프회의를 시작했다. 착수회의인 만큼 30명이 넘는 많은 사람이 참석했고, 발주처에서 예상보다 많은 담당자가 왔다. 지난 번 HAZOP 워크숍 때 많은 요구를 해서 우리를 힘들게 했던 플랜트 운영 매니저인 데이비드 패터슨도 참석했고, 발주처의 각 설계담당자들도 참석했다.

우선 배관설계 리드 엔지니어인 박주용 부장님이 플랜트의 전반적인 구성을 설명했다. 이미 플랜트 주요 시스템의 절반 이상이 모델링된 상황이므로 큰 실수나 오류가 발견되면 수정이 어려워서 각오가 남달라 보였다. 대형 장치들의 위치는 이미 결정된 상태에서 세부 설계를 진행하고 있기 때문에 대형 장치를 옮기면 변경사항이 도미노처럼 생겨난다. 최악의 경우 공간을 늘리기 위해 데크를 확장해야 할 수도 있는데, 이는 플랜트의 구조적인 물량을 증가시키고 무게를 늘리므로 큰 문제가 된다. 특히 해양플랜트의 경우 물량이 증가하면 연쇄적인 변경이 일어나고 비용증가로 이어지므로 초기에 3D 모델을 잘 설계해야 한다.

박주용 부장님이 전체 소개를 마친 후 플랜트 각 층의 전반적인 구성을 살피기 시작했다. 수십 명이 눈에 불을 켜고 3D 모델을 샅샅이 검토하는 동안 배관설계 담당자들은 잔뜩 긴장해 있었다. 그렇게 두 시간 정도가 지났을까. 일부 오류사항들이 보이기는 했으나 다행스럽게도 큰 장치를 옮겨야 하거나 데크를 확장해야 하는 등의 심각한 문제점은 발견되지 않았다.

앞으로 한 달간 진행될 세부적인 시스템에 대한 3D 모델 리뷰에서 나의 역할은 공정시스템 관점에서 문제가 없는지를 파악하는 것이다. 특히 P&ID상에서 요구하는 조건들이 제대로 반영되었는지를 파악해야 한다. 요구조건이 반영되지 않으면, 결국은 플랜트를 실제 운전할 때 문제가 되고 더 큰 비용을 지출해야 할 수 있으므로 이 시점에서 최대한 많이 발견하여 오류를 수정해야 우리에게도 문제가 안 생긴다. 아울러 내가 담당하고 있는 유틸리티 시스템은 자잘한 배관이 얽혀 있기 때문에 집중하고 또 집중해야

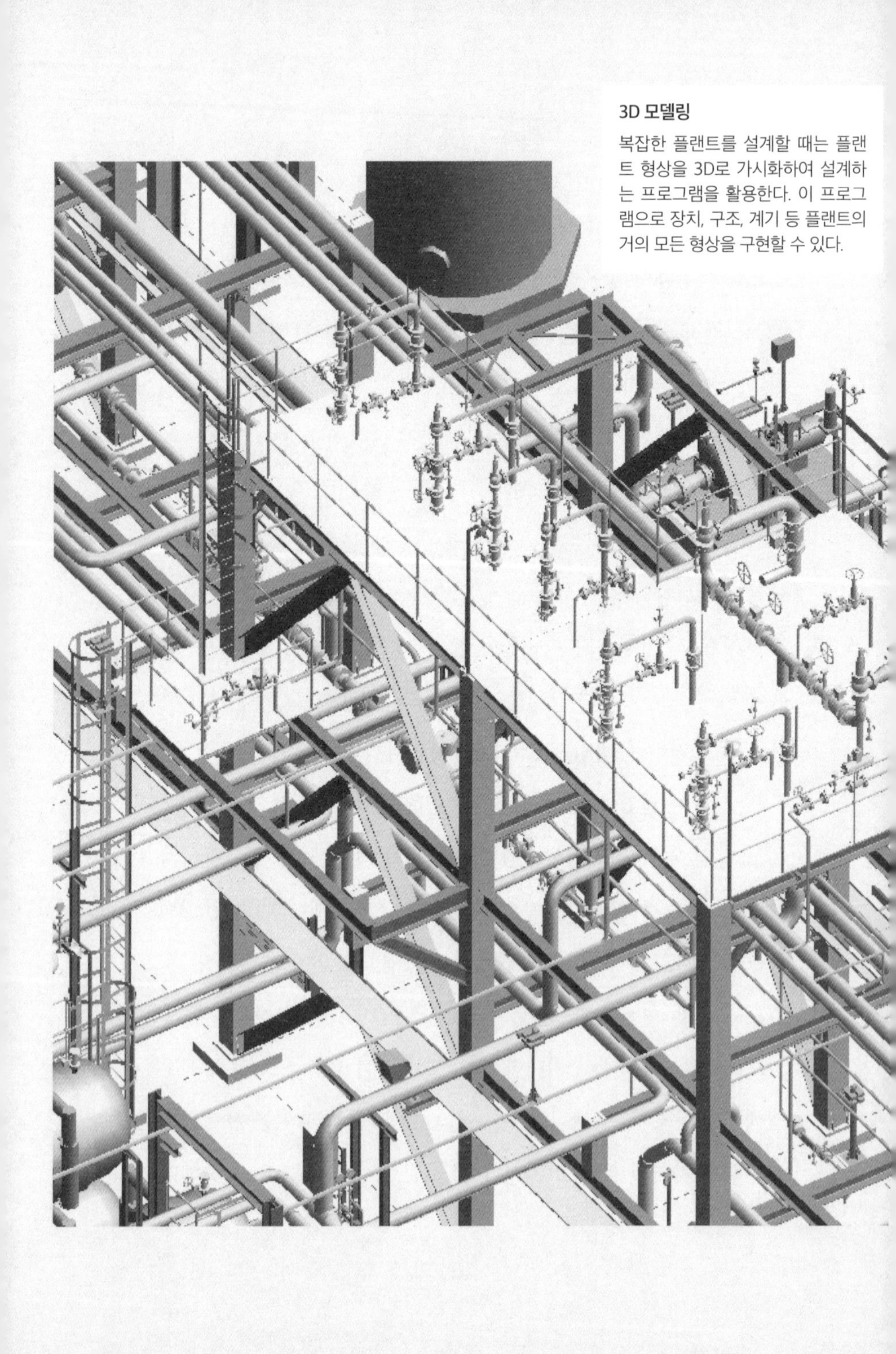

3D 모델링

복잡한 플랜트를 설계할 때는 플랜트 형상을 3D로 가시화하여 설계하는 프로그램을 활용한다. 이 프로그램으로 장치, 구조, 계기 등 플랜트의 거의 모든 형상을 구현할 수 있다.

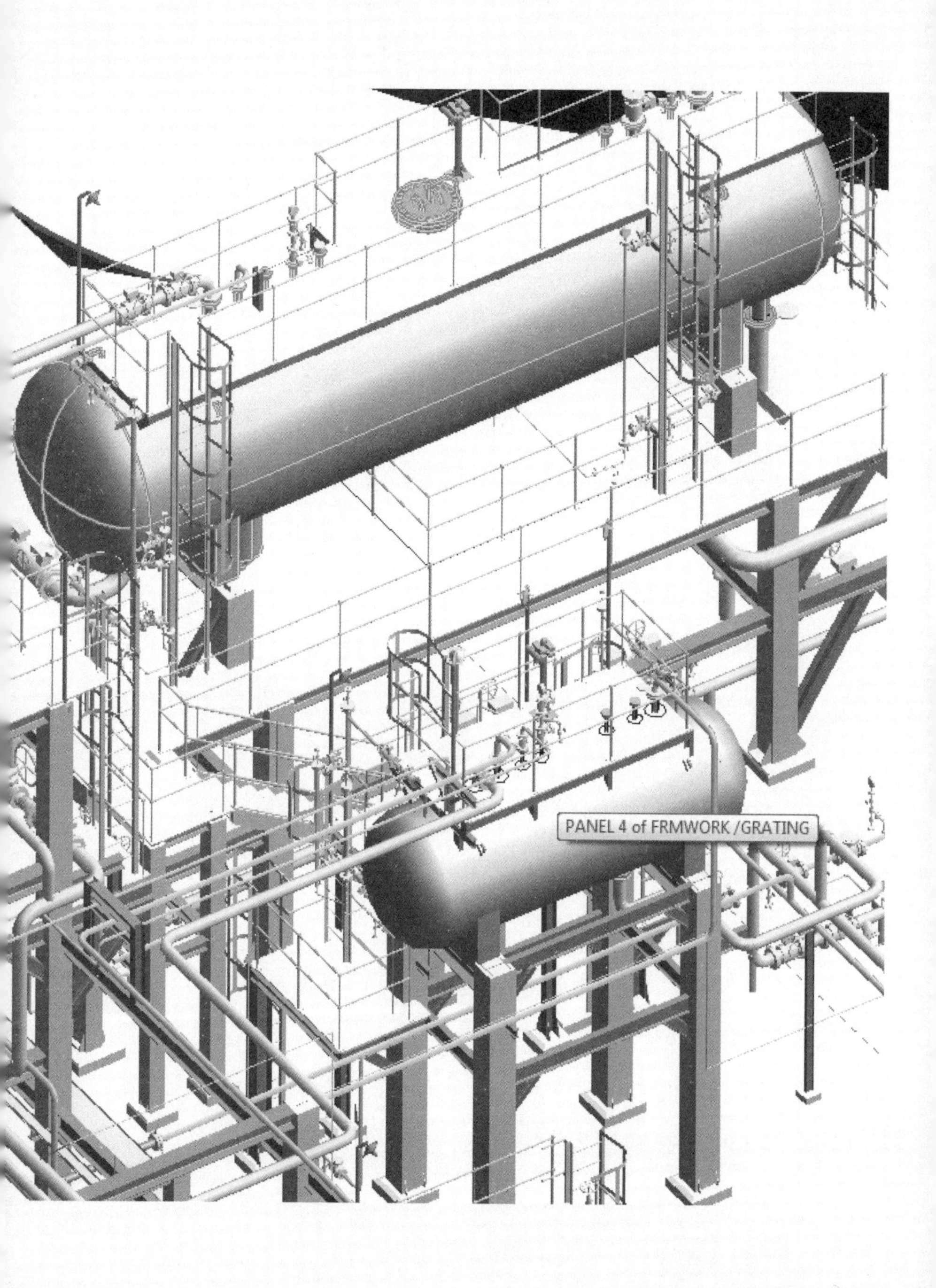
PANEL 4 of FRMWORK /GRATING

했다. 대개 주요 공정의 시스템을 모델링한 후 남는 공간에 유틸리티시스템을 배치하기 때문에 실제 설계작업을 할 때는 더 까다롭다. 이미 배치된 배관을 피해 배치하려다 P&ID상에서 요구하는 조건들을 반영하지 못할 수도 있다.

이런 문제가 생기는 대표적인 시스템이 바로 드레인시스템이다. 드레인시스템은 플랜트에서 나오는 각종 오수와 빗물을 모아서 원활하게 배출하는 시스템이다. 드레인시스템이 적절한 경사를 갖지 않으면 오수와 빗물이 제대로 흘러갈 수 없고, 배관에 액체가 잘 고이는 포켓pocket이나 굴곡이 생기면 그곳에 각종 오물이 쌓여 막히기도 한다. 이를 경사요건slope requirement이라고 한다. 워낙 까다로운 부분이라서 3D 모델링 작업을 할 때 배관설계 엔지니어가 경사요건을 꼭 반영해야 하는지 문의할 때가 있다. 그런데 경사요건을 반영하지 않으면 나중에 반드시 문제가 생기므로 3D 모델 리뷰에서 이를 제대로 반영했는지 면밀히 체크해야 한다.

프로세스설계 엔지니어는 눈에 보이지 않는, 개념적인 여러 가지 압력, 온도, 유량과 관련된 계산이나 시뮬레이션을 잘 하는 것도 중요하지만, 실제 플랜트의 형상도 꼼꼼하게 검토할 수 있어야 한다. 계산이나 개념적인 설계를 주로 하다 보면 현장감이 떨어지기도 하는데, 3D 모델 리뷰를 하면서 실제 플랜트가 어떻게 설계되어야 하는지 좀더 현실적으로 받아들일 수 있었다.

문제해결의 열쇠는 협업

한 달에 걸친 3D 모델 리뷰 회의를 무난하게 마치고, 프로젝트의 상세설계는 중후반 단계에 이르렀다. 많은 설계사항이 확정되었기에 현장에서의 작업이 본격적으로 시작됐다. 초기설계 단계에서는 최적의 플랜트 설계를 위하여 많은 수정과 반영작업이 있었지만, 이제는 현장에 설치할 장치나 밸브류 등의 구매가 시작되었기 때문에 더 이상 중요한 설계변경이 생기면 안 된다. 만약 이 시점에서 큰 규모의 설계변경이 발생하면 발주된 장치 등을 변경해야 하는데, 이미 어느 정도 제작된 상태라면 제작 중이던 장치를 폐기하거나 대폭 수정할 수밖에 없어 큰 피해가 생긴다. 뿐만 아니라 장치 입고가 늦어지면 뒤이은 작업도 촉박하게 진행되므로 이후 일정에 도미노처럼 영향을 준다. 이 때문에 프로세스설계에 변경사항이 생기면 생산과 밀접한 업무를 수행하는 배관설계,

전계장설계 담당자들은 매우 민감하게 받아들인다.

그러나 신경 써서 완벽하게 하려고 해도 사람이 하는 일이다 보니 놓치는 사항도 있고, 숨어 있던 계약사항이 발견되어 변경이 생길 수도 있다. 또 부서 간 소통이 원활하지 않으면 도면에 있는 요구조건을 서로 다르게 해석해서 잘못 반영하는 경우도 있다. 이렇게 숨어 있던 문제점이 나타나면 처리하기가 상당히 까다로워진다. 그러던 중 아니나 다를까 여러 부서와 발주자의 이해관계가 얽힌 한 가지 중요한 문제가 발생했다.

발주처 운영팀 매니저인 데이비드 패터슨이 3D 모델 리뷰를 진행할 때 제기했었는데, 당장 해결할 수가 없어 끝난 다음에 검토하기로 일단락지었던 문제다. 그는 경력이 워낙 많고 실력이 출중하다 보니 잠시 스쳐 지나가는 모델에서도 문제점을 발견하는 탁월한 능력을 보여주었다. 데이비드는 주요 시스템 중 하나인 가스·액체 분리 압력용기 아래에 위치한 액체 배출배관의 U자형 포켓 부분에 모래가 쌓일 수 있다고 했다. 자신의 경험상 가스전으로부터 가스와 함께 올라오는 액체(물과 오일 혼합물)에는 모래가 섞여 있기 때문에 점점 쌓이다가 배관을 막을 수 있으므로 U자형을 곧게 펴야 한다고 주장했다.

우리는 계약서류나 발주자가 제공하는 생산가스의 조성에는 모래가 없다는 것이 명시되어 있음을 근거로 데이비드의 주장을 방어하려 했으나 그는 절대 주장을 꺾지 않았다. 게다가 데이비드의 주장이 전혀 틀린 말도 아니었기 때문에 논쟁 끝에 워크숍의 보류사항으로 남겨뒀다. 또 하나 미처 생각지 못한 것이 있었는데, 계약서에는 생산가스에 모래가 없다고 적혀 있기는 했지만 혹시 몰라서였는지 모래가 생기면 이를 처리하기 위한 모래 제거장치를 설치하도록 명시해놨다. 여러 계약조항과 자료들 간 요구조건이 부딪치는 상황이 발생한 것이다.

데이비드의 주장을 반영하려면 해당 배관의 포켓 부분을 곧게 펴고 경사를 주어 아래쪽 모래 제거장치로 자연스럽게 흘러가도록 해야 하는데, 압력용기가 이미 해양 플랫폼의 제일 밑바닥에 위치해 있고 모래 제거장치와는 거의 평행으로 설치되어 있어서 모래 제거장치를 한 층 밑으로 내리지 않는 한 배관에 경사를 두기가 불가능한 상황이었다. 장치를 한 층 밑으로 내린다는 것은 플랫폼의 한 층을 추가해야 한다는 말인데, 이미 설계가 많이 진척된 해양플랜트에서는 가장 반영하기 어려운 사항 중 하나다.

회의 때 제시된 3D 모델 리뷰 의견은 반드시 해결해야 하고, 빠르게 결정하지 않으면 후속 피해가 막심할 만한 사항이라서 우리 프로세스설계팀은 발주처에 긴급회의를 요청했다. 회의에는 데이비드 패터슨을 포함한 발주처 운영팀과 프로세스설계 담당자, 우리 측에서는 책임 엔지니어였던 김채진 차장님과 내가 참석했다. 발주처 프로세스설계 담당자인 앤드루 리빙스턴과 피터 챙도 반영이 정말 어려운 상황임을 알고 있었기 때문에 우리 측 의견에는 동의했지만, 데이비드 패터슨이 워낙 끈질기게 수정을 주장하여 함께 회의를 하게 되었다.

발주처로 회의를 하러 갔더니 회의실에는 이미 담당자들이 모여서 격한 토론을 벌이고 있었다. 발주처는 운영팀과 프로젝트팀이 구분되어 있는데, 프로젝트팀은 운영팀의 여러 가지 요구조건을 들어주느라 고생을 많이 한다. 운영팀은 계약서는 모르겠고, 나중에 본인들이 운전할 때 편하도록 이것저것 요구하고는 한다.

우리가 회의실에 들어가자 그들은 내부 논의를 멈추고 다 함께 논의를 시작했다. 그 후 한 시간 동안 서로 의견을 굽히지 않아 김채진 차장님과 데이비드 패터슨은 언성을 높이며 강한 신경전을 벌였다. 옆에서 지켜보는데 둘이 싸우는 건 아닐까 아슬아슬할 정도였다. 그 와중에 김채진 차장님은 영어로 논쟁하는데도 절대 밀리지 않는 저력을 보여주었다. 진정한 프로 엔지니어가 여기 있었다! 결론이 날 수 없는 상황이었고 더 이상의 논쟁은 소모적인 듯해서 우리는 내부적으로 다시 검토한 후 찾아오겠다고 말하고 일어섰다.

회사 내부에서의 검토를 위해 프로세스설계, 배관설계, 기계설계, 구조설계 부서 등 대부분의 설계담당자가 모였다. 자칫하면 프로젝트의 지연을 초래할 수도 있는 중요한 사안을 해결하기 위해 다 함께 모인 것이다. 가장 먼저 논의한 사항은 과연 모래 제거장치를 위한 별도의 데크 구조물을 만들 수 있는가였다. 해양플랜트를 지탱하는 재킷구조물의 기본설계는 기존의 무게를 기준으로 이미 완료된 상태이기 때문에 지금 별도의 층을 만들면 무게가 초과되어 재킷구조물에 큰 변경이 생길 수밖에 없다. 구조설계 담당자인 이종현 차장님이 3D 모델을 직접 수정해 보면서 별도의 층을 추가할 수 있는지, 만든다면 무게는 얼마나 나가는지 파악하기로 했다. 그 다음 논의사항은 모래 제거장치를 두 개의 패키지로 쪼갤 수 있는지였다. 별도의 층을 만들면 패키지 전체를 얹을 수 없기 때문에 가능하면 무게를 낮추기 위해 패키지를 나누어 설치해보려는 것이었다. 이 사항에 대해서는 기계설계 담당자인 박우원 차장님이 패키지업체와 논의하기로 했다. 마지막 논의사항은 패키지를 쪼개어 설치할 경우 배관의 포켓 부분을 없앨 수 있는지, 패키지를 쪼개면 패키지 사이에 연결배관을 추가해야 하는데 여기에는 문제가 없을지였다. 이 사안에 대해서는 배관설계 리드 엔지니어인 박주용 부장님이 확인하기로 했다.

이렇게 여러 부서가 확인해야 할 사항을 도출한 후 회의는 끝났고, 각 부서에서 검토한 후 기술보고서를 만들어 발주처에 제출하기로 했다. 각 부서가 일주일 동안 검토한 결과 다행스럽게도 대부분 반영할 수 있었다. 특히 패키지업체의 납기와 납품대금에도 큰 영향이 없었다. 모두 합심해 실타래를 하나씩 풀어 결국 해결방법을 찾아낸 것이다. 프로젝트는 개인이 아닌 팀이 함께 노력해야만 완성된다는 것을 다시 한 번 경험했다. 각 부서의 모든 사항을 취합하여 기술보고서를 작성했고, 발주자에게 레터로 제출했다. 데이비드 패터슨도 승인하여 비로소 문제가 종결되었다.

프로젝트를 진행할 때 중요한 건 원만한 협업이다. 문제가 생기면 각자 이해관계가 얽혀 있더라도 프로젝트의 목적에 집중하여 함께 해결방법을 모색해야 한다. 실패사례들을 보면 문제가 생기면 타 부서로부터 욕을 먹지 않으려고, 또는 책임을 떠넘기는데 급급한 나머지 해결의 골든타임을 놓쳐버린 경우가 대부분이다. 그러는 사이 문제는 더욱 커져버려 결국 프로젝트의 스케줄과 비용에 심각한 타격을 주는 일이 많다. 이번에는 그러한 이기적인 태도를 접어두고 서로 터놓고 논의하여 성공적으로 해결할 수 있었고, 발주자의 신뢰도 얻을 수 있었다.

부서 간 갈등을 해결하는 열쇠도 협업

프로젝트는 어느덧 중반에 이르러 프로세스설계는 어느 정도 마무리되었고, 플랜트 제작을 위한 설계로 중심이 옮겨갔다. 이 때문에 각 설계부서뿐만 아니라 제작을 하게 될 공사부와 시운전부까지도 살라맛 플랜트 공사에 집중하기 시작했다. 지금까지 설계부서 위주로 진행됐던 프로젝트 회의에 생산 관련 부서도 참석했다.

정기적인 프로젝트 회의는 우리 회사 내부적으로 하는 내부 회의, 발주자나 벤더와 하는 외부 회의로 나뉜다. 내부 회의는 각 부서의 리드 엔지니어Lead Engineer가 모두 모여 진행하는데, 이러한 회의를 LE회의라고 부르곤 한다. 리드 엔지니어란 각 설계 파트를 책임지는 엔지니어를 말한다. 경력 많고 실력 있는 엔지니어가 담당하며, 우리 프로세스설계팀에서는 이 무렵 부장으로 승진한 김채진 부장님이 그 역할을 하고 있다. 리드 엔지니어는 책임지고 신경 써야 할 부분이 한두 가지가 아니다. 발주처와 다른 설계부서, 현장부서까지 상대해야 하는 매우 고된 직책이다. 필요에 따라서 각 시스템 담당자도 LE회의에 참석하는데, 유틸리티시스템에 대한 상세논의가 필요하면 나도 LE회의에 참석했다.

주로 프로젝트가 중반에 들어선 시점에 열리는 LE회의는 부서간 이해관계가 얽힌 일이 많아서 논쟁이 잦고 회의가 길어진다. 한번은 이런 일도 있었다. 유틸리티시스템 중에서도 플랜트의 온갖 오수를 다 받아서 처리하는 드레인시스템은 다른 시스템에 비해 매우 복잡하다. 플랜트의 수많은 장치 밑에는 떨어지는 오수나 폐오일을 받아내는 접시 모양의 드립팬drip pan이 설치되어 있고 물이 고이는 가운데 부분에 구멍을 뚫어서 배관을 연결하고 바닥데크 밑으로 빼낸다. 이 작업이 배관설계 입장에서는 여간 어려운 일이 아니다. 이미 배치된 주요 공정장치와 배관을 요리조리 피해야 하기 때문이다. 건물 천장에 구불구불하게 정신없이 배치된 배관을 본 적이 있을 것이다. 드레인 배관도 어쩔 수 없이 이렇게 배치될 수밖에 없다. 드레인 배관을 설계할 때 특히 힘든 점은 액체가 저절로 흘러가도록 하려면 반드시 경사를 주어야 한다는 점이다. 그런데 드레인시스템 담당자가 통상적인 방법으로는 경사를 줄 수 없는 배관들이 있다고 문제를 제기했다. 자칫 제 기능을 못하게 될 드레인 배관들에 대해 해결책을 찾아야 했다.

배관설계부의 리드 엔지니어인 박주용 부장님은 프로세스설계에 대한 지식도 갖고 있고, 인내심까지 있어 함께 일하기 편한 분이다. 반면 드레인시스템을 담당하는 김대식 대리는 성격이 다소 급하고 어떤 일이든지 책임을 지지 않으려 해서 함께 일하기가 쉽지 않았다. 드레인 배관 문제도 모두 협의하여 해결방안을 도출하면 해결될 일인데 프로세스설계 쪽에 일방적으로 일을 떠넘기는 통에 어쩔 수 없이 LE회의 때 모두 모여서 해결하기로 했다. LE회의는 엔지니어링 매니저Engineering manager, EM인 이경준 부장님이 주최하고 진행했다. 이경준 부장님은 본래 시운전 설계 출신이기 때문에 프로세스설계나 실제 운전에 관해 사내에서 손꼽히는 전문가다. 이번에도 배관설계부에서 가져온 문제점에 대해 이미 해결방안이 있는 것처럼 보였다.

우선 김대식 대리의 드레인시스템 배관배치에 대한 브리핑이 시작되었다. 역시 프로세스설계부에서 작성한 P&ID 도면을 불평하며 책임을 전가하는 이야기만 늘어놓았다. 다행스럽게도 사태를 파악한 배관설계부 박주용 부장님이 P&ID는 올바르게 되어 있으니 다른 방안을 생각해야 한다고 선을 그었다. 경사를 반영하지 못하는 배관에 대해 일목요연하게 정리한 후 김채진 부장님과 이경준 부장님이 개선점을 내놓았다. 이러한 부분에는 배관의 끝

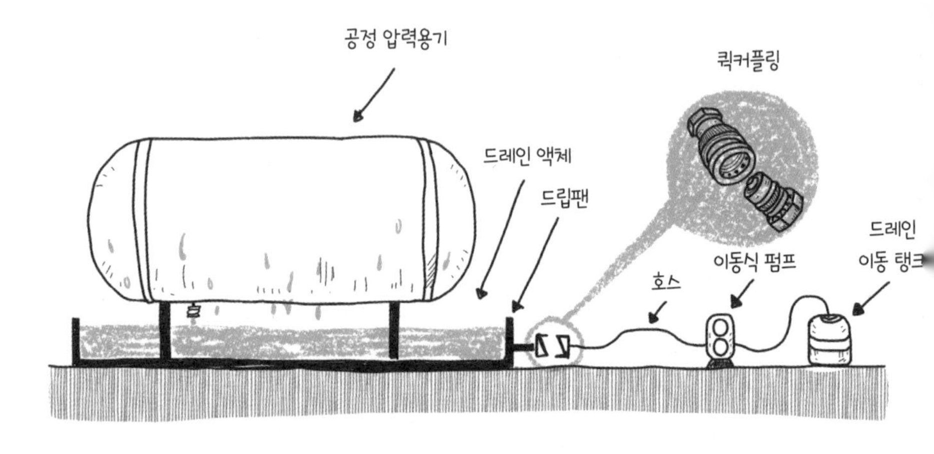

다같이 모여 찾아낸 드레인시스템의 문제해결 방안

부분에 쉽게 떼었다 붙였다 할 수 있는 연결 부위인 퀵커플링quick coupling을 설치한 후 오수가 드립팬에 다 차면 이동할 수 있는 호스를 퀵커플링에 꽂아서 이동식 펌프로 뽑아내 탱크에 받아내는 방식을 발주자에게 제안하자는 것이었다.

해양플랜트는 한정된 공간에 온갖 장치와 배관을 우겨넣어야 하기 때문에 이런 경우가 빈번하게 생긴다. 예전에 진행했던 몇 건의 공사에서도 비슷한 방식이 제안되어 승인되었다고 하니 모두 이 제안에 동의했다. 배관설계부에서 기술보고서를 작성하고 프로세스설계부에서 검토를 마친 후 발주자에게 제출하기로 하고 회의를 끝낼 수 있었다. 그렇게 LE회의가 끝나고도 김대식 대리는 여전히 비협조적이었지만, 박주용 부장님이 중재를 잘 해주어 무사히 기술보고서를 발주자에게 제출할 수 있었다. 언제나 느끼는 거지만 담당자들이 자기 입장만 고수하면 문제가 안 풀린다. 논쟁보다 논의가 문제해결에 최선의 방법이다.

안타까운 사망사고

긴급한 메일 한 통이 날아왔다. 우리 회사에서 진행하던 또 다른 프로젝트의 설비가 현지로 이동하던 중 탑승하여 시운전하던 작업자 한 분이 불의의 사고로 사망했다는 내용이었다. 불과 몇 주 전에 제작을 마치고 카메룬으로 떠났던 부유식 해양플랜트에서 날아온 비보였다.

사망사고의 원인은 질식사. 안타깝게도 사망한 작업자는 용접할 때 머리에 쓰는 밀폐안전모에 산소가 아닌 질소호스를 잘못 꽂아 질식으로 사망한 것이다. 특수 용접을 하려면 밀폐안전모를 써야 하는데, 안전모 안으로 산소를 공급하기 위해 주변에 있는 유틸리티 스테이션에서 산소호스를 가져다가 연결한다. 유틸리티 스테이션이란 산소, 질소, 물, 공기 등 플랜트 곳곳에서 활용이 잦은 유틸리티를 편리하게 가져다 쓸 수 있도록 한곳에 모아놓은 장치다. 유연한 호스 끝에는 퀵커플링이라는 체결이 편리한 연결구가 설치되어 있다.

그런데 이번에는 문제가 있었다. 산소를 공급하는 호스와 질소를 공급하는 호스에 적용된 퀵커플링이 모양이 다르긴 해도 억지로 연결하면 연결이 될 정도로 유사한 형태였다고 한다. 그렇다고는 해도 유틸리티 호스의 색상이 다르고 연결한 후 밸브를 열어야 공급이 시작되므로 웬만해선 실수가 있을 수 없는데, 작업자가 제

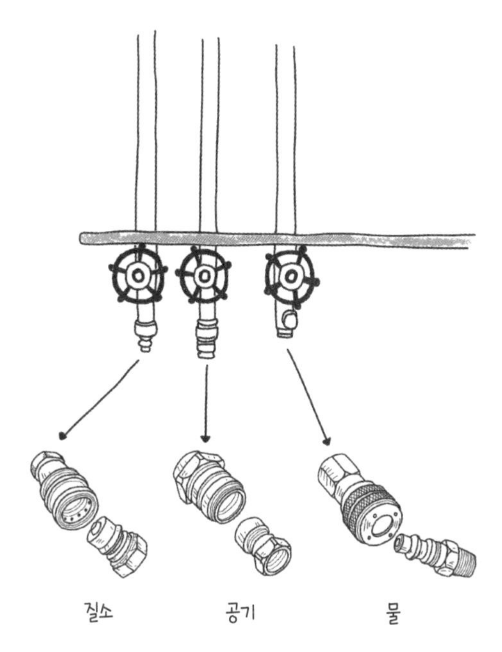

유틸리티 스테이션의 여러 퀵커플링들은 모양이 모두 달라야 사고를 방지할 수 있다

대로 확인하지 않고 급하게 작업하려다가 억지로 호스를 연결하고 성급히 밸브를 열어버려서 이러한 사고가 발생한 것이다.

질소로 인한 사고는 플랜트 분야에서는 상당히 빈번하다. 압력 용기의 유지보수를 위해 용기 안으로 들어갔던 작업자가 질소로 꽉 차 있는 곳에서 호흡을 못하고 질식사하는 일도 있었다. 아차하면 발생하는 게 질소로 인한 사고다. 질소에 질식되면 뭔가 불편함이나 아픔을 느끼기 전에 정신을 잃어버리므로 큰 사고로 이어지기 쉽다.

갑작스러운 사고 탓에 회사의 많은 사람들이 슬픔에 빠졌다. 사망한 작업자는 첫 아이가 태어난 지 얼마 되지 않은 분이어서 안타까움이 더욱 컸다. 사고가 생긴 플랜트 설비는 카메룬으로 이동하던 중이었기에 그대로 이동을 계속했고, 유족들이 비행기와 헬기를 타고 플랜트로 급히 향했다.

우리는 이 사고를 수습하면서 앞으로 일어날지 모를 비슷한 사고를 방지하기 위해 기술적인 문제점을 검토하기 시작했다. 이 문제는 우리가 진행하고 있던 살라맛 프로젝트에서도 간과할 수 없는 부분이라 해결방법도 똑같이 반영하기로 했다. 해당 플랜트의 주요 설계담당자와 운전팀 담당자들이 몇 가지 개선사항을 내놓았다. 먼저 호스를 연결하는 부위인 퀵커플링을 유틸리티별로 완전히 다른 모양으로 교체하기로 했다. 작업자가 실수로 다른 유틸리티 호스를 가져와 억지로 연결하려고 해도 절대 연결되지 않도록 하기 위해서다. 또 호스에 있는 밸브에 실링sealing 처리를 함으로써 일종의 경고표시를 하기로 했다. 실링 처리란 어느 정도 힘을 줘야 제거되는 철사 같은 것으로 묶어두는 표식을 말하며 작업자에게 한 번 더 경고 메시지를 던진다.

이렇게 해서 사고수습과 향후 유사사고 예방을 위한 조치를 통해 사건은 일단락되었다. 사망사고가 발생하기 전에 예방할 수 있었다면 좋았을 것이다. 하지만 앞으로 발생을 최소화하는 것에 총력을 기울였다. 중공업 분야가 대부분 거대한 철구조물을 다루다 보니 크고 작은 사고가 다른 산업에 비해 많이 발생한다. 철구조물이 움직이는 도중 이를 인지하지 못하여 사고가 나는 경우도 많고, 작업자가 움직이다가 발을 헛디뎌서 심하게 부딪치거나 추락하면 최소 중경상, 심하면 사망에도 이른다. 이러한 중대한 사고를 예방하기 위해서 회사에서는 안전교육을 다양하게 실시한다. 사건사고 사례를 의무적으로 시청하게 하고, 사고를 예방하기 위해 주기적으로 훈련한다. 최근에는 교육효과를 높이기 위해 가상현실 장비 같은 것도 활용하고, 안전교육에 경품이 걸린 퀴즈도 출제하면서 참여율을 높인다. 이렇게 많은 노력이 사고발생률을 많이 줄이기는 했지만, 완전하게 예방하기는 쉽지 않다.

현장작업자들과 함께 그린 플랜트 제작의 큰 그림

본격적으로 플랫폼 설비조립이 시작되어 주요 장치와 밸브가 바쁘게 입고되고 있었다. 기본적으로 여러 층으로 이루어진 플랫폼은 각 층을 위한 데크를 제작해 주요 골격구조를 갖춘 후 세부 조립을 시작한다. 이러한 단계에 이르면 프로세스설계 차원에서는 대부분의 설계 업무가 마무리된 상황이며, 배관이나 전계장 등 다른 설계부서의 작업 중 문제점이 발견되면 함께 해결하는 것이 주요 업무가 된다. 이것 말고도 또 다른 업무가 있는데, 시운전부나 설치공사부 등 현장공사 관련 부서 작업자들에게 전체 프로세스에 대한 교육을 수행하는 것이다.

다른 설계부서나 현장공사 관련 부서는 전체 시스템보다는 세부를 보는 데 익숙하고, 배관을 디자인하거나 밸브를 구매하는 등 유사한 업무를 반복해서 수행하기 때문에 프로세스 전반을 이해하기가 쉽지 않다. 그러나 숲을 보는 것이 중요하듯 전체적인 프로세스를 이해해야 각 담당자들이 업무를 수행할 때 시너지 효과를 낼 수 있으므로 설계 업무가 마무리되고 현장작업이 시작될 즈음 프로세스설계부서에서는 현장작업자 교육을 한다.

살라맛 프로젝트의 현장작업자 교육에서 나는 전체적인 시스템 구성과 일부 유틸리티시스템에 대한 교육을 맡았다. 교육은 수많은 해양플랜트 모듈이 만들어지고 있는 야드 현장에 위치한 회의실에서 진행한다. 회의실은 300명이 동시에 들어갈 수 있을 정도로 넓은 곳이지만, 넓은 만큼 뒤쪽에서는 강사와 칠판이 거의 보이지 않아 교육효과가 떨어진다. 나 역시 이곳에서 교육을 받았을 때 뒷자리에서는 집중이 잘 안 됐다. 뭔가 방법이 필요했다. 인원이 워낙 많기 때문에 어떻게 하면 효과적으로 교육을 진행할 수 있을지 고민스러웠다. 인터넷으로 여러 가지 강의법을 조사하다가 좋은 방법을 찾았는데, 강사가 칠판에 시스템을 그리며 설명하는 동안 교육생들도 그 그림을 도면에 직접 그려보는 방법이었다.

교육 당일, 100명이 넘는 교육생이 큰 강의장에 모였다. 인원이 많아서 역시 분위기가 어수선했다. 우선 듬성듬성 앉아 있는 교육생들을 좀더 앞자리에 앉도록 유도해 자리를 정돈하고, 준비한 빈 도면과 필기구를 나눠줬다. 시작부터 기존과는 다른 교육방식에 관심을 보이는 교육생이 많아 보였다. 나는 파워포인트를 띄

우지 않고 미리 연습한 대로 칠판에 시스템을 하나씩 그려가면서 설명했다. 역시 많은 교육생이 집중하기 시작했다.

해양플랜트의 시스템은 원유나 가스가 나오는 유전이나 가스전에서 시작한다. 유전이나 가스전은 본래 땅속 깊이 묻혀 있는 상태니 우선 드릴링을 하여 구멍을 뚫고 배관과 흐름을 제어할 수 있는 여러 가지 밸브 같은 장치들을 설치한다. 우리 회사는 해양플랜트 구조물 자체를 제작하므로 드릴링과는 관계가 없지만, 해양플랜트가 필요한 이유를 알려면 유전과 가스전 개발에 관한 전반적인 사항을 알고 있어야 한다.

드릴링이 끝나고 장치설치를 완료하면 비로소 오일이나 가스가 해양플랜트로 흘러 들어간다는 점을 설명한 다음 우리가 제작하는 해양플랜트의 주요 시스템에 대해 설명을 이어갔다. 살라맛 플랜트는 가스가 주요 생산물이다. 그러므로 가스 이외의 부산물이나 불순물인 오일이나 물은 모두 분리해야 한다. 나는 가스에서 오일과 물을 분리하는 압력용기부터 가스에 여전히 미량 남아 있는 물과 오일을 완벽하게 제거하는 탈수dehydration시스템, 마지막으로 가스를 육상으로 보내기 위해 압력을 가해주는 압축compression시스템 등을 공정흐름도PFD 형태로 하나하나씩 칠판에 그려가며 설명했다.

그리고 내가 칠판에 그린 그림을 교육생들도 빈 도면에 따라 그리도록 했다. 중간중간 교육생들이 제대로 그리고 있는지 살피면서 문제가 있는 부분은 수정을 돕기도 했다. 그러는 사이 어느덧 한 시간 반의 시간이 지나 있었다. 시간이 얼마나 지났는지도 모를 정도로 모두 놀라운 집중력을 보여주었다. 교육생들 각자 도면을 잘 완성했고, 더불어 시스템 전반에 대해 잘 이해할 수 있게 되었다고 소감을 말씀해주셨다. 양방향 소통의 형태로 진행한 프로세스설계 교육이 앞으로 현장작업자들이 플랜트를 잘 가동할 수 있도록 하는 밑거름이 될 것이다.

TQ, 발주자를 설득할 묘책을 짜내라!

프로젝트 계약이 체결되면 공식서류인 계약서에 따라 진행되는 것이 원칙이다. 해양플랜트 공사는 많은 경우 일괄도급 방식 계약이다. 플랜트가 입찰시장에 나오면 이를 제작할 계약후보자인 각 EPC업체들이 입찰서류를 상세하게 검토한 후 일정한 금액을 제시하여 낙찰된다. 이후 입찰서류와 이에 대한 발주자 그리고 계약자의 상호 협의사항에 따라 계약이 이루어지고 이는 곧 계약서가 된다. 수백 장, 때로는 수천 장에 이르는 설계도면과 문서까지 포함된 입찰서류가 추후 계약서가 되다 보니 상당히 방대하고 자세할 수밖에 없다. 이 부분이 참 어려운데, 계약자가 계약에 급급해 불리한 조항을 찾지 못한 채 덜컥 계약을 해버리면 나중에 문제가 되기 때문이다. 입찰서류는 오롯이 입찰을 위해 설계한 자료이기 때문에 각 자료 간에 일치하지 않는 사항도 많고 기술적으로 불완전한 사항도 굉장히 많다. 이런 사항을 수개월 정도의 짧은 검토기간 안에 찾아내서 입찰가격에 반영하는 것은 어려운 일이다. 또 어떤 사항은 실제로 상세하게 설계를 해봐야만 발견할 수 있기도 하다. 일부 악성 발주자의 경우 '성능을 만족하여야 한다' 같은 일반적인 계약문구를 들이밀며 무조건 반영해달라고 요구하는 경우도 있는데, 협의가 잘 되지 않으면 계약자는 결국 막대한 손해를 감수하고 반영할 수밖에 없다. 업계의 특성상 표준계약서 같은 것도 없고, 발주자가 만든 입찰설계물이 부실하거나 계약자가 꼼꼼히 검토하지 못하면 계약자가 모두 뒤집어쓸 수 있다. 우리 회사도 과거 몇 번의 프로젝트에서 계약서를 부실하게 검토해 저가로 입찰했고 발주자 또한 일방적인 요구만 해서 결국 적자가 발생한 적이 있었다. 이런 경우 손실도 손실이지만 공사가 원활하게 진행될 수 없으므로 프로젝트가 끝날 때까지 잡음이 끊이질 않는다.

이렇게 공사 전반에 큰 영향력을 행사하는 계약서에 문제가 생기면 무조건 계약자의 책임으로 몰아가는 일부 악성 발주자도 있지만, 대부분의 발주자는 이런 상황을 이해하고 더 나은 플랜트 설계와 건설을 위해 협의를 하여 계약사항을 변경해준다. 플랜트 공사에는 이를 위한 장치가 몇 가지 있는데, 그중 하나가 바로 TQ Technical Query(기술 문의서)다.

TQ는 보통 우리 회사와 같은 계약자가 개선사항들을 반영하겠다고 발주자에게 제안할 때 제출한다. 계약자는 TQ를 활용해 플랜트의 기능보강, 계약서류 간 불일치사항에 대한 확인, 기술적으로 미비하거나 불가능한 사항의 개선뿐만 아니라 비용을 아낄 기회를 얻을 수도 있다. 프로젝트 초기에는 계약서류 간 불일치사항에 대한 TQ가 주를 이룬다. 우리 프로젝트는 주로 오리스 엔지니어링에서 TQ를 많이 작성해 제출했는데, 설계문서 사이에 다르게 적힌 장치의 용량 수치 같은 것을 일치시키는 작업이었다. 이런 사항은 가능하면 설계 초반 단계에 찾아내 똑같이 수정해놔야 나중에 탈이 없다. 장치 제작까지 다 완료된 상황에서 불일치사항이 발견되면 최악의 경우 장치를 다시 만들어야 할 수도 있기 때문이다. 설계 후반 단계에는 설계 초반 단계와 다르게 기술적으로 불가능한 사항에 대한 TQ가 많이 제출된다. 앞서 이야기했던 드레인시스템의 배관경사 요구조건과 같은 경우다. 계약서에 명시되어 있더라도 현실적으로 반영이 불가능하다면 우리가 대안을 제시하고 발주자가 이를 받아들여 수정할 수 있다.

플랜트 설계를 효율화하면서 비용을 아끼는 TQ 활용 예시로는 드레인박스 최소화를 들 수 있다. 드레인박스란 플랜트에 비가 내릴 때 이를 한 곳에 모아서 배수시켜주는 배수통 역할을 하는 장치다. 통상 계약서에는 면적당 몇 개의 드레인박스를 설치하라는

<table>
<tr><td colspan="4">기술 문의서(Technical Query)</td></tr>
<tr><td colspan="2">문서번호:</td><td colspan="2">SAL-PR-TQ-0001</td></tr>
<tr><td>수신자:</td><td>탑 E&P</td><td>부서명:</td><td>프로세스설계</td></tr>
<tr><td>발송자:</td><td>한국중공업</td><td>작성자:</td><td>홍길동</td></tr>
<tr><td colspan="4">제목: 드레인박스 설치 수량 최적화</td></tr>
<tr><td colspan="4">내용:
계약서에 따르면 면적(m^2)당 ○개 설치를 요구하고 있음.
……
그러나 상부 데크를 제외한 하부 데크에는 빗물이 쏟아질 우려가 적으므로 수량을 최소화할 수 있음. 아래는 관련 계산 결과임.
……
상기와 같은 계산 결과에 따라 드레인박스 설치 수량을 최적화하고자 함.</td></tr>
<tr><td colspan="4">회신:
계약자의 제안을 승인함</td></tr>
<tr><td>승인자:</td><td>피터 챙</td><td>소속:</td><td>탑 E&P</td></tr>
</table>

기술 문의서

일반적인 조항이 있는데 이를 그대로 지키려면 전체 플랜트에 드레인박스를 매우 많이 설치해야 한다. 해양플랜트의 경우 제일 위층에는 비가 그대로 쏟아지기 때문에 계약서대로 드레인박스를 설치하는 것이 좋지만, 아래층은 사실 위에서 모두 커버하기 때문에 그렇게 많이 설치할 필요가 없다. 이런 경우 제일 위층을 제외하고 아래층 중간 부분에는 드레인박스를 최소화하겠다고 발주자에게 제안할 수 있으며, 발주자에게도 합리적인 제안이므로 대부분 승인을 해준다. 플랜트의 드레인박스와 연결된 라인이 줄어들면 복잡성도 줄어들 뿐만 아니라 계약자 입장에서도 비용을 줄일 수 있다.

그러나 제안사항이 늘 쉽게 승인되는 것은 아니다. 어찌되었건 계약서에는 반하는 사항들이기 때문에 발주자는 제안사항에 대한 확실한 논리와 충분한 백업자료를 요구한다. 계약자의 제안사항에 대한 검토는 발주처 설계 엔지니어가 주로 담당하지만, 그들도 내부적으로 복잡한 이해관계가 얽혀 있고 자체적으로 의견일치를 봐야 한다. 해양플랜트를 설계하고 제작하는 우리 입장에서는 주로 대면하는 고객이 발주처 프로젝트팀이지만, 발주처 전체를 놓고 보면 프로젝트팀뿐만 아니라 플랜트를 운영하는 팀도 따로 있다. 보통 운영·유지보수팀Operation and maintenance team, O&M이라고 부르는데, 살라맛 프로젝트에서는 HAZOP과 3D 모델 리뷰 당시 자기주장이 굉장히 강했던 데이비드 패터슨이 이끄는 운전원 팀이다.

발주처 프로젝트팀은 4~5년간 플랜트가 제작되고 설치되는 데까지만 관여하고 해산하지만, 운영팀은 그 플랜트를 전달받아 길게는 수십 년간 운전한다. 따라서 발주처 운영팀은 플랜트의 완성도와 운전의 용이성을 최대한 끌어올리고자 프로젝트팀에 압박을 가하고 이런저런 변경사항에 대한 승인도 엄격하다. 어찌 보면 발주처 내에도 갑과 을의 관계가 형성되어 있다고 볼 수 있다. 이러한 이해관계 때문에 중요한 TQ가 발주처에 접수되고 승인이 난 후에 운영팀이 반대해서 무산되는 경우도 있다. 이때는 다시 운영팀을 설득하기 위하여 추가적인 논리와 백업자료를 보강해서 다시 제안해야 한다.

살라맛 프로젝트에서도 크고 작은 수십 건의 TQ를 작성했다. TQ란 설득에 필요한 보고서라서 작성할 때 온갖 아이디어를 짜내야 하고 스트레스도 많이 받지만, 문제를 해결하기 위해 끊임없이 고민해야 하고 설득을 위해 논리를 개발해야 하므로 실력을 쌓는 데 큰 도움이 된다. 무엇보다 제안한 개선사항이 승인되고 반영되면 그 성취감은 이루 말할 수 없다.

끝날 때까지 끝난 게 아니다, P&ID 변경 통보서

공사가 중반을 넘어서면 현장에서는 각종 세부 장치와 배관을 설치하는 작업에 집중하고, 프로세스설계팀도 현장을 지원하는 업무가 점점 많아진다. 특히 배관이나 전계장과 관련한 설치작업 중 발생하는 크고 작은 문제점을 해결하는 일이 많아진다. 현장 작업을 하다 보면 초기설계 단계에서는 발견하지 못했던 여러 가지 문제가 튀어나온다. 대부분은 해결하면서 진행할 수 있는 문제지만 가끔은 그렇지 못한 문제도 발견된다. 이미 많은 작업이 진행된 상황에서 프로세스설계와 관련해 큰 결함이 발생하면 큰 손실로 이어질 수 있다. 예를 들어 크기가 크고 중요도가 높은 펌프 같은 장치에 주요 부품 오류나 재질 선정 오류가 생기면 바로잡기 위해 이를 들어내야 할 때가 있는데, 이미 배관이나 전계장 라인이 복잡하게 설치되어 있다면 이도저도 못한다. 예전에 한 프로젝트에서는 실제로 장치를 전부 들어내고 다시 설치하느라 공사의 납기까지 지연될 정도로 피해를 입었다. 다행스럽게도 살라맛 프로젝트에서는 그렇게까지 큰 문제는 발생하지 않았다. 그렇지만 소소한 변경이나 개선사항이 종종 발생하는데 이때는 P&ID를 빠르게 업데이트하여 후속 설계부서에 전달한다. P&ID는 프로젝트가 끝날 때까지 끊임없이 변경되기 때문에 그야말로 프로젝트의 라이브live 문서라고 할 수 있다.

프로젝트가 조립작업에 들어서는 시점에서 P&ID 변경사항은 크게 두 가지로 나뉜다. 프로세스설계에 변화가 생겨서 우리 쪽에서 변경하는 경우와 배관이나 전계장설계팀에서 설계를 마치고 실제 설치를 해봤더니 변경사항이 생겨서 우리 쪽으로 P&ID 변경을 요청하는 경우다(준공성 변경). 조립작업이 시작되면 두 종류의 변경 모두 자주 발생한다. 따라서 공식적으로 진행되는 4단계의 도면 업데이트 말고도 간헐적인 업데이트가 기민하게 이루어져야 후속 설계부서가 빠르게 반영하고 참조할 수 있다. 이를 위해 활용하는 방법이 P&ID 변경 통보서다.

P&ID 변경 통보서는 앞서 설명한 TQ처럼 발주자의 승인을 받기 위해서가 아니라 공사가 진행되면서 발생하는 설계 변경사항을 실시간으로 후속 설계부서에 전달하기 위한 수단이다. 공식으로 발행된 P&ID 도면에 추가하여 주석을 다는 방식으로 업데이

트하는데, 변경사항이 있는 P&ID의 해당 부분에만 구름마크 등으로 표시해 변경된 부분을 쉽게 알아볼 수 있도록 한다. 이를 받은 후속 설계부서는 구름마크가 표시된 부분만을 검토하여 실제 배관이나 전계장 모델링에 반영한다. P&ID 변경 통보서는 주로 P&ID 4단계 중 AFD와 AFC 단계 사이 혹은 AFC 단계 이후에 적으면 몇 회, 많으면 몇 십 회까지도 발행된다.

P&ID 변경 통보서를 너무 많이 발행하면 후속 설계부서의 원성을 사기도 한다. 기존 도면의 설계사항을 반영하기도 바쁜 와중에 변경사항이 계속 배달되기 때문이다. 이 때문에 우리 팀에서는 P&ID 변경 통보서를 무작정 보내지 않고 업데이트 성격이 비슷한 것끼리 모아서 보내곤 한다. 예를 들어 수십 개의 제어밸브가 입고된 후에야 이와 연결될 몸체 플랜지의 사이즈가 확정되었다면 이러한 사이즈 변경만 도면에 표시해서 통보한다.

또한 준공As-built 성 변경에도 P&ID 변경 통보서를 활용해 최신 P&ID 상태를 유지한다. As-built란 제작을 먼저하고 나중에 이를 설계에 반영하는 것을 말한다. 보통은 설계를 먼저 한 후에 제작을 하니, 딱 반대의 상황이라고 할 수 있다. 이런 일은 왜 생기는 걸까? 예를 들어보자. 배관설계를 할 때 기준이 되는 것은 프로세스설계다. 그런데 배관설계를 진행하다보니 P&ID에서 정한 대로 배관을 설계할 수 없을 경우가 생긴다. 이럴 때는 배관설계부에서 프로세스설계부에 P&ID를 수정해달라고 요청한다. 만약 프로세스설계 측면에서 P&ID를 수정해도 문제가 없다면 P&ID를 변경하고, 배관설계부에서는 변경한 대로 제작설계를 한 후 조립하는 것이다.

P&ID 변경 통보서는 프로젝트를 진행하는 데 효율적인 도구이지만 과도한 양을 일방적으로 배포하면 다른 부서에서 좋아할 리도 없고, 반영이 잘 되지 않는 경우도 있다. 그래서 우리는 P&ID 변경 통보서를 발행할 때마다 관련 회의를 열어서 하나씩 설명한다. 서로 얼굴을 보면서 설명하면 오해도 생기지 않고 변경 내용을 빠르게 이해할 수 있기 때문이다. 프로젝트를 진행하면서 P&ID 변경 통보서 때문에 마찰이 일어나는 경우도 많으므로 이런 양방향 소통은 매우 중요하다.

말레이시아에서 직접 진행한 플랜트 SDS시스템 검수

분산제어시스템Distributed Control System, DCS은 복잡하고 커다란 플랜트를 운영하려면 꼭 필요한 시스템이다. 플랜트에는 워낙 다양한 장치와 밸브, 계기가 설치되어 있고 이들이 유기적으로 작동되어야 하므로 이를 통합적으로 관리·제어하고 모니터링하는 별도의 시스템이 필요하다. 그것이 바로 분산제어시스템이다. 예전에는 장치나 밸브를 사람이 일일이 수동으로 제어했지만 지금은 분산제어시스템을 활용하여 컴퓨터 화면에서 버튼을 누르기만 하면 현장에 있는 밸브가 자동으로 열리거나 닫히게 할 수 있고, 문제가 생기면 알아서 조치할 수도 있다. 덕분에 플랜트에서 일어나는 여러 가지 복잡한 상황에 자동으로 대처하고, 규모가 큰 플랜트를 적은 인원으로 가동할 수 있게 되었다.

분산제어시스템은 크게 정상 상황에서 플랜트 운전을 제어하는 PCS시스템Process Control System과 문제가 발생할 때 비상차단을 위한 SDS시스템ShutDown System으로 구성되어 있다. 이러한 시스템은 통합하여 한 업체에 맡기거나 각 시스템별로 여러 업체에 맡기기도 하는데, 살라맛 프로젝트는 비용 절감을 위하여 각 시스템별로 외주를 주었다. 시스템 구성상 정상적인 운전을 제어하는 PCS시스템이 메인이고 비상차단을 위한 SDS시스템은 이에 추가하는 형태로도 가능하기 때문이다. 공정제어로 유명한 글로벌기업인 하니웰이 메인시스템인 PCS시스템을 맡고, SDS시스템은 말레이시아의 트라이시스템이라는 전문업체에서 맡았다.

트라이시스템에서 담당한 SDS시스템은 어느 정도 제작이 완료되어 플랜트 모듈에 통합 설치하기 위해 우리 쪽 현장으로의 운송을 앞두고 있었다. 그 전에 트라이시스템에서 최종 테스트와 검수를 거쳐야 하고 우리 쪽 엔지니어들도 현지로 가서 시스템 테스트와 검수에 참석해야 한다. 시스템 개발에 참여한 현지 엔지니어가 있는 곳에서 현지 테스트 장비를 활용해야 하기 때문이다. 우리 쪽으로 온 다음에 수정사항이 발견되면 조치하기 힘들다. 이 작업에는 계장 엔지니어, 프로세스 엔지니어 등이 참여해야 해서 나도 함께 파견을 가게 되었다.

트라이시스템은 샤알람이라는 도시에 있다. 이미 갔다온 사람들 말로는 이슬람 성격이 매우 강한 곳이어서 쿠알라룸푸르보다 외국인 편의시설이 매우 적다고 한다. 그런 만큼 만반의 준비가 필요했다. 두 달이라는 짧지 않은 기간 동안 파견을 가야 해서 맡았던 일을 다른 동료에게 인수인계하고 파견생활을 위한 여러 가지 생필품들을 챙겼다. 늘 그랬듯이 옷가지, 라면, 통조림 등을 준비했고 소화제나 감기약 같은 상비약도 챙겼다. 그런데 매우 중요한 약 한 가지를 챙기지 못했는데, 이 작은 실수로 말레이시아에서 엄청나게 고생하리라고는 출발 전에는 상상도 못했다.

샤알람으로 가려면 일단 말레이시아 수도 쿠알라룸푸르를 거쳐야 한다. 우리는 쿠알라룸푸르 공항에서 바로 샤알람으로 이동했다. 1999년 쿠알라룸푸르에서 조금 떨어진 곳에 위치한 푸트라자야가 행정수도가 되었지만, 쿠알라룸푸르는 우리나라의 서울처럼 여전히 가장 많은 사람이 살고 다양한 비즈니스가 이루어지는 곳이다. 말레이시아 경제에 가장 큰 영향을 미치고 있는 분야가 바로 에너지산업이다. 말레이시아에는 페트로나스라는 국영석유회사가 있고, 우리나라의 탑 E&P 같은 민간 해외자원개발 회사가 진출하여 석유, 가스, 석유화학 관련 개발을 진행하고 있는데, 이러한 산업이 말레이시아 국가경제에 크게 이바지하고 있다. 이렇다 보니 플랜트와 관련한 많은 산업이 번성하고 있고, 우리가 플랜트 SDS시스템의 설계와 제작을 의뢰한 트라이시스템 또한 성업 중이었다.

말레이시아에 도착한 다음날 트라이시스템을 방문했다. 트라이시스템은 생각보다 규모가 컸다. 인상이 좋아 보이는 사장님과 관계자가 나와 우리를 크게 반겨주었다. 앞으로 할 일이 많기에 첫 미팅을 마친 후 바로 SDS시스템의 검수를 시작했다.

계장 엔지니어가 시스템 장치 자체에 대한 것을 살핀다면, 프로세스설계 엔지니어는 설계 당시 정했던 셧다운 논리관계logic가

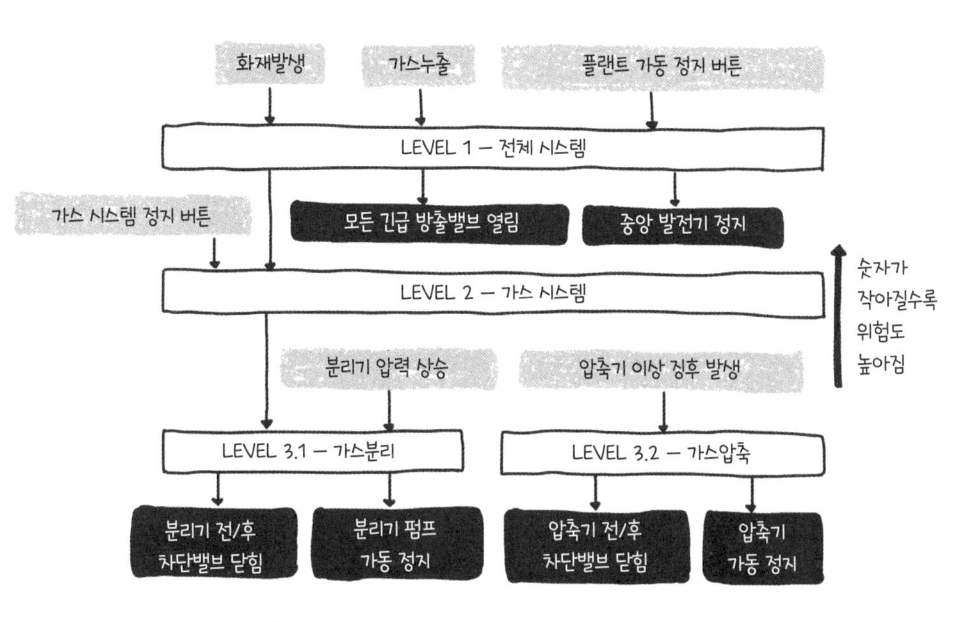

SDS시스템 로직의 예시를 보여주는 그림이다. 회색 상자는 원인이고, 검은색 상자는 결과(조치사항)를 가리킨다. 예를 들어 '화재발생'이라는 원인이 발생하면 LEVEL 1 아래의 결과 조치, 즉 모든 결과 조치를 취해야 하고, '분리기 압력 상승'이라는 원인이 발생하면 LEVEL 3.1 아래의 결과 조치가 취해진다.

제대로 반영되었는지를 검토한다. 예를 들어 공장의 어느 부분에서 가스가 새는 걸 그대로 방치하면 외부의 불꽃이나 스파크로 인해 점화될 수 있고 불꽃이 내부에 있는 가스에까지 옮겨붙어 폭발을 일으킬 수도 있다. 따라서 가스가 새는 것이 발견되면 바로 모든 공정을 멈추고 문제가 되는 부분과 관련된 특정한 밸브를 자동으로 차단한 후 내부의 모든 가스를 방출하면서 태워버려야 한다. 이것이 순차적인 셧다운 절차이고, 프로세스설계를 할 때 이미 정해진다. 프로세스설계 엔지니어는 이러한 절차가 SDS시스템에 제대로 반영되어 작동되는지 체크한다. 검수작업은 하나하나 매우 꼼꼼하게 이뤄진다. 단 하나라도 제대로 반영되어 있지 않으면 비상상황에서 제대로 된 조치가 취해지지 않을 수 있고, 잘못하면 대형 사고를 불러올 수 있기 때문이다.

SDS시스템 검수에는 우리 말고도 발주처에서 까다롭기로 유명한 계장 엔지니어 레미 탄도 함께 했다. 그는 우리가 미처 발견하지 못한 사항을 하나하나 지적해냈다. 지금 찾아내지 못하면 앞으로 실제 플랜트를 운전할 때 문제가 될 수 있기 때문에 정말 고마웠다. 담당자가 아무리 완벽하게 작업했다 해도 다른 사람이 보면 문제점이 나올 수밖에 없다. 우리는 계속 함께 개선점을 찾아나갔고, 검수작업 초기에는 실수투성이처럼 보였던 시스템이 검수작업이 끝날 즈음에는 애초에 목표했던 수준으로 품질이 향상

되었다.

두 달 동안 샤알람에서 SDS시스템의 테스트와 검수작업을 하면서 개인적으로는 잊지 못할 고생을 했다. 며칠이나 설사병에 시달린 것이다. 설사를 멈추는 약도 없이 온갖 고생을 다 하다가 우여곡절 끝에 한인타운에서 정로환을 사 먹고 나서야 겨우 나았다. 한국에서 가져온 상비약에 정로환을 넣지 않은 것이 이렇게 큰일을 낼 줄은 정말 몰랐다.

숲 전체를 보는 능력을 배운 노르웨이에서의 파견근무

두 달 동안 말레이시아에 갔다오고 공사가 후반부에 들어선 와중에 나에게 또 다른 변화가 생겼다. 국책과제에 참여하게 된 것이다. 이 과제는 우리나라 정부예산으로 LNG플랜트를 독자적으로 설계하는 프로젝트로, 우리 회사가 LG건설과 손잡고 수주한 설계 프로젝트다. 건설은 없이 기본설계만 진행하므로 1년이라는 비교적 짧은 기간 안에 완수해야 한다.

우리나라는 위치상 섬이나 마찬가지이기 때문에 가스를 파이프라인으로 수입하지 못하고 전량 LNG로 수입한다. 살라맛 플랜트는 바다에서 생산한 가스를 파이프라인을 통해 싱가포르에 공급하지만, LNG는 카타르나 브루나이 등의 LNG플랜트에서 천연가스를 LNG로 전환시킨 후 LNG운송선에 실어서 필요한 곳에 공급한다. 우리나라는 워낙 석유화학산업이 발달했고 가스사용량도 많아서 전 세계 LNG 수입국 중 일본에 이어 2위 수준이었다가 최근 중국의 폭발적인 LNG 수요증가로 인해 2019년 기준으로 중국이 2위, 우리나라가 3위다. 우리나라는 해외자원개발에도 적극적이어서 아직은 미숙한 LNG플랜트 설계기술을 독자적으로 개발해보자는 취지로 국책과제가 시작된 것이다.

이 과제는 우리가 독자적으로 LNG플랜트를 설계한다는 점도 중요하지만, 대부분의 해양플랜트 기본설계를 해외업체에 의존하고 있는 상황에서 주도적으로 이를 수행하는 것에 큰 의의가 있다. 기본설계는 플랜트 설계에서 큰 그림을 그리는 중요한 작업이며, 설계 개념에 대한 이해와 튼튼한 논리가 기본이 돼야 한다. 이 단계에서 중요한 설계기준을 제대로 잡지 못하면 나중에 상세설계를 아무리 잘 해도 플랜트가 제대로 기능하지 못한다. 우리나라는 세부적인 상세설계는 세계 최고 수준이지만 기본설계는 아직 미흡한 상황이었기 때문에 이 국책과제는 상당히 좋은 기회였다.

우리가 기본설계를 진행하게 된 플랜트는 LNG FPSO Floating Production Storage and Offloading라는 거대한 해양플랜트다. FPSO란 부유식Floating이며, 생산Production과 저장Storage, 하역Offloading을 하나의 플랜트로 할 수 있는 선박 모양의 첨단 플랜트다. 상부는 육상의 LNG플랜트와 유사하게 가스전에서 뽑아내는 가스를 각종 처리 후 액화하는 시스템으로 이루어져 있고, 하부는 이렇게 생산된 LNG를 저장하고 LNG운송선이 왔을 때 옮겨주는 하역시스템으로 이루어져 있다. 말레이시아 살라맛 프로젝트가 비교적 얕은 바다에 설치되어 생산한 가스를 파이프라인으로 운송하는 것과 비교하면, 고난이도의 기술이 요구되는 플랜트다. 그만큼 개발만 잘 하면 전 세계에서 기술력을 인정받을 수 있다. 더욱이 개인적인 경력에도 큰 도움이 될 만한 프로젝트다. 우리 컨소시엄은 개발 초기 단계에서 콘셉트를 잡기 위해 해외의 우수한 기본설계 업체의 도움을 받기로 했고, 플랜트 하부의 LNG 저장파트는 우리 회사가, 상부의 LNG 생산설비는 LG건설이 나누어 설계하기로 했다.

개발에 도움을 줄 해외 기본설계 업체는 노르웨이 베르겐에 있는 GANFA라는 회사인데, LNG FPSO의 기본설계 실적을 다수 갖추고 있는 경험이 풍부한 업체였다. 앞으로 두 달 동안 세 업체가 긴밀하게 협업해야 했으므로 GANFA에 모여 함께 근무하기로 했다. 말레이시아 샤알람에 다녀온 지 얼마 되지 않아 또 다시 가게 된 해외파견. 이젠 짐 싸는 데 선수가 되었다. 정로환도 잊지 않고 말이다.

네덜란드를 거쳐 노르웨이 베르겐에 도착했다. 처음 와보는 북유럽은 기존 출장지와는 또 다른 정적인 분위기였다. 오후 5시밖에 안 됐는데도 겨울이어서 그런지 칠흑같이 어두웠고 비까지 내려서 공기까지 무거운 느낌이 들었다. 늦은 시각이라 서둘러 숙소로 이동했는데, 북유럽의 살인적인 물가를 대변하듯 30분 탄 택시에 거의 10만 원을 지불해야 했다.

GANFA는 본래 일반적인 오일이나 가스생산 해양플랜트의 기본설계를 위주로 하는 회사였다. 그러던 중 전 세계에서 주목하기 시작한 LNG FPSO를 선제적으로 개발했고, 세계 최대 오일회사인 셸SHELL의 LNG FPSO 프로젝트에 참여하는 등 이 분야에서 손꼽히는 선두주자가 되었다. 그래도 기본설계를 위주로 하는 회사다 보니 엔지니어 수가 30명 내외일 정도로 회사의 규모가 매우 작고 건물도 가정집처럼 아기자기했다. 이곳 엔지니어들의 실력은 상당히 우수하다. 일을 빨리 해치우려고 하기보다는 토론과 논의를 계속 하면서 설계의 핵심을 잡는 것에 집중한다. 즉 가스분리를 할 때 어떤 장치를 선택할지, 가열하는 시스템에는 스팀이나 핫오일hot oil 등 어떤 열매체heating medium를 선택할지와 같은 시설의 핵심 역할에 초점을 맞추고 작업하므로 기본설계 수행에서 최고의 강점을 가지고 있다.

내가 지금까지 회사에서 해왔던 작업은 이미 정해진 시스템에 살을 붙여나가는 식의 상세설계였다. 반면 여기서는 아무것도 정해진 것이 없는 상황에서 최적의 시스템을 만들어내야 한다. 기본설계는 무에서 유를 창조하는 작업인 동시에 나무보다는 숲을 바라본다는 느낌으로 전체적인 개념을 잡는 작업이므로 처음에 단추를 잘못 끼우면 나중에 큰 문제로 불거질 요소가 많다. 그러므로 프로젝트 내의 다양한 설계전문가들이 서로 다른 입장에서 의견을 주고받으며 개선해나가는 것이 중요하다.

GANFA에서의 설계작업은 오리스 엔지니어링에서 경험했던 것과는 또 다른 세계였다. 세부적인 것이 아니라 전체 콘셉트를 논리적으로 생각하고 개선사항을 도출하는 작업이 처음에는 낯설었지만 차차 익숙해졌고 진정한 기본설계가 무엇인지 감을 잡아갔다. 그렇게 매일 수많은 회의를 하며 일을 진행하다보니 신기하게도 공정흐름도PFD가 작성되어 있었다. 나는 이때 확실히 알

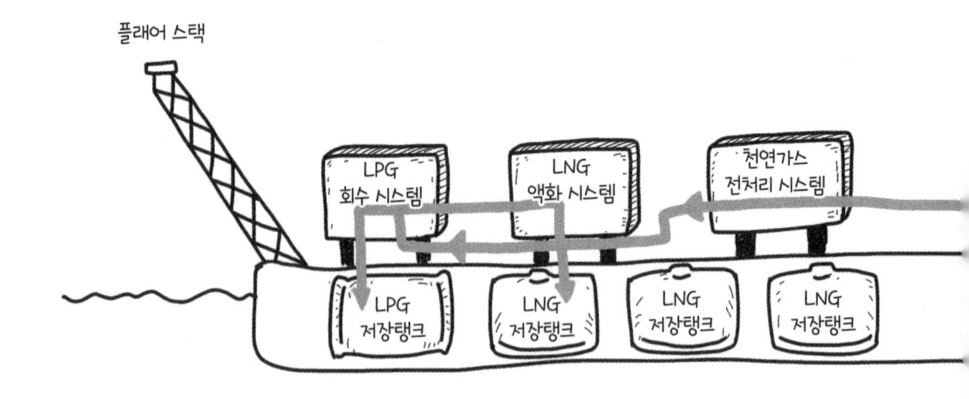

LNG FPSO 도식도

게 되었다. 오일이나 가스생산 발주자가 플랜트 프로젝트를 시작할 때 왜 그렇게 해외의 전문 엔지니어링사를 고용하는지를 말이다. 원료와 생산물 말고는 정해진 것이 거의 없는 백지 같은 상황에서 플랜트에 필요한 주요 시스템을 하나씩 선택하여 큰 뼈대를 구성하며 스케치를 완성하는 능력이 출중하기 때문이었다. 이것이야말로 우리나라가 진정한 엔지니어링 강국으로 거듭나기 위해서 반드시 키워야 할 능력이다.

이렇게 또 다시 많은 것을 배우다보니 어느덧 노르웨이 파견생활이 끝나가고 있었다. 여름에 왔다면 낮이 길어 더 즐길 수 있었을 텐데 하는 아쉬움도 있었지만 이곳 사람들의 생활과 업무방식

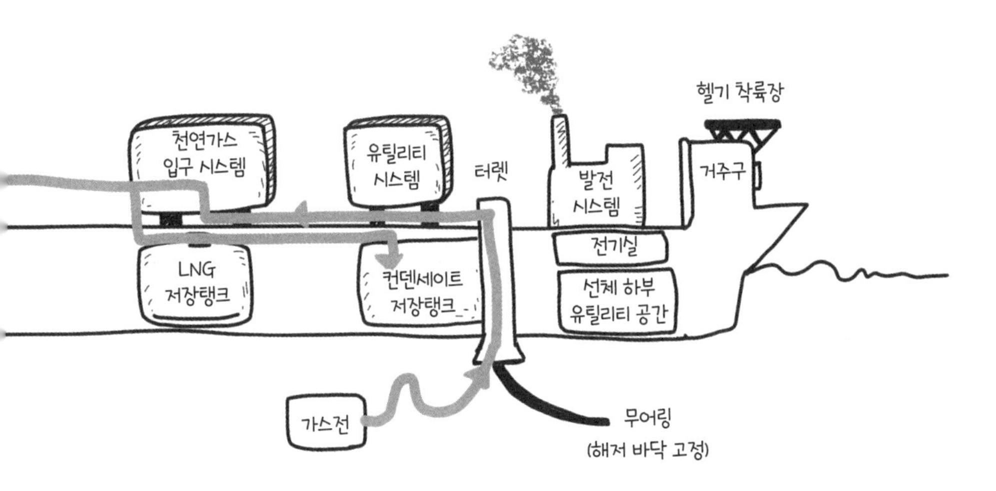

을 경험한 것은 정말 값진 일이었다. 노르웨이는 오일과 가스가 발견되기 전에는 어업으로 생계를 이어가던 가난한 나라였다. 엄청나게 부자가 된 지금도 사람들은 여전히 자신의 삶에 집중하며 평화롭게 산다. 늘 겸손함을 잃지 않고 삶에서 소소한 행복을 느끼며 살아가는 노르웨이 사람들을 보면서 많은 것을 느꼈다.

내가 리드 프로세스 엔지니어가 되다니……

노르웨이에서의 단기 파견업무를 끝내고 본사로 복귀해 말레이시아 프로젝트 업무를 재개하는데 갑작스런 소식이 들려왔다. 살라맛 프로젝트를 함께 수행하며 동고동락했던 우리 팀의 박준성 차장님이 다른 사업부의 LNG 프로젝트로 전출을 가게 된 것이다. 김채진 부장님이 새로운 프로젝트 때문에 런던으로 파견을 나간 동안 박준성 차장님이 우리 팀의 리드 엔지니어 업무를 수행해 왔다. 그런데 국책과제인 해상 부유식 LNG FPSO 플랜트 사업을 보다 적극적으로 추진하기 위해 아예 회사 내에 부서를 따로 만들었고 그쪽 프로세스설계 전담 엔지니어로 박준성 차장님이 선발된 것이다.

이 일은 나에게는 큰 사건이었다. 박준성 차장님의 전출로 내가 리드 프로세스 엔지니어가 될 수밖에 없었기 때문이다. 아직 프로젝트 경험이 많지 않은 대리가 리드 프로세스 엔지니어를 맡는다니, 부담스러웠다. 그동안 프로젝트를 수행하면서 지켜보니, 리드 프로세스 엔지니어는 발주처 엔지니어는 물론이고 우리 회사의 수많은 부서들과도 직접 상대하면서 온갖 결정과 책임을 떠안아야 하는 고달픈 자리다. 문제가 생기면 주도적으로 책임지고 해결해야 하기 때문에 보통은 과장급 이상이 리드 프로세스 엔지니어를 맡는다. 그런 막중한 직책을 내가 맡게 되다니……. 그나마 다행이라면 기본설계는 이미 마무리되었고 이제 제작을 중심으로 진행되는 프로젝트라는 점이었다. 그렇지만 현장에서도 문제가 계속해서 발생하고 있었다. 결국 다른 공사도 바쁘게 돌아가고 있고 우리 프로젝트팀도 마땅한 대안이 없어서, 내가 리드 프로세스 엔지니어를 맡게 되었다.

우리 회사는 발령이 나거나 프로젝트가 새로 생기면 신속하게 일이 진행된다. 정신없는 와중에 나는 얼떨결에 업무를 인수받았다. 업무인수를 받고 보니 리드 프로세스 엔지니어에게는 나무보다 숲을 보는 능력이 필수였다. 한 프로젝트에 얽혀 있는 부서와 외부의 회사들이 상당히 많아서 이들 사이의 이해관계를 잘 풀어가는 능력도 정말 중요했다.

박준성 차장님이 그동안 훌륭하게 업무를 진행해 왔고, 정리도 잘 해놓아 업무인수가 수월했다. 차장님은 프로젝트에 관한 모든 메일을 공유폴더에 주제별로 파악하기 쉽도록 정리해놓았는데, 자료 정리는 박준성 차장님의 업무상 주특기로서 이것은 프로젝트 진행에서 매우 중요한 부분이다. 플랜트 프로젝트는 짧아도 3년 이상 진행되고, 진행 중에 발주처나 다른 부서의 담당자가 수없이 변경되기 때문에 새로운 사람이 오면 그동안의 업무이력을 살펴서 업무를 파악해야 한다. 이때 제대로 정리되어 있지 않으면 이미 서로 동의했던 것과는 상관없이 또 다시 자기주장이 펼쳐지기 때문에 분란이 생기는 경우가 많다. 이런 경험이 많았던 박준성 차장님은 문제가 생기는 걸 방지하기 위해 진행상황을 일목요연하게 정리하는 방법을 터득한 것이다.

리드 프로세스 엔지니어 업무를 맡자 걱정했던 대로 발주자와 다른 부서들을 상대하느라 매일매일 힘들었다. 매주 열리는 발주자와의 회의에서는 갖가지 중요한 결정사항을 책임져야 했기 때문에 스트레스가 이만저만이 아니었다. 특히 변경으로 인해 추가금액이 발생할 때면 나 혼자 결정할 수 있는 것이 아니라 팀장과 부서장의 승인을 거친 후 다른 관련된 설계나 현장부서의 동의까지 모두 얻어야 해서 무척 신경이 쓰이고 번거로웠다.

플랜트의 조립설치 작업이 진행되면서 크고작은 변경사항이 계속 나타났고, 이를 처리하는 일도 고생스러웠다. 프로젝트를 진행하다보면 사람의 실수 등으로 이미 작업이 마무리된 배관이나 장치를 뜯어고쳐야 할 경우가 종종 생긴다. 이렇게 현장에서의 수정작업이 필요할 때는 DCRDesign Change Request이라는 설계변경요청서를 발행하며, 각 설계부에서는 DCR을 위한 예산도 어느 정도 보유하고 있다. 그런데 DCR로도 해결할 수 없는 중대한 변경사항이 생기면 경영진에 보고를 해서 승인을 받아야 한다. 당연하지만 이런 일은 생기면 안 된다. 해당 부서의 실적이 악화되고 담당자의 인사고과에도 악영향을 미치기 때문이다.

살라맛 프로젝트에서도 일부 캐드작업이 잘못된 탓에 P&ID 도면의 배관이 엉뚱하게 표기된 그대로 현장에 설치된 적이 있다. 프로세스설계를 할 때 P&ID 도면에 줄 하나 잘못 그으면 그대로 배관 제작까지 잘못될 수 있는데, 그런 일이 실제로 일어난 것이다. 우리는 결국 DCR을 발행하여 현장의 배관 수정작업을 완료할 수 있었다. 만약 플랜트가 해상에 나간 후 이런 일이 발생했다면 자재수급도 어렵고 작업환경도 열악하여 몇 배의 금액과 시간이 소요됐을 것이다.

이뿐만 아니라 설계와 현장상황이 맞지 않거나 현실적으로 설치가 불가능한 문제가 많이 발생했다. 자주 발생하는 사례로는 P&ID에 표기된 밸브를 실제 설치했더니 사람이 절대 조작할 수 없는 위치에 놓이는 경우가 있다. 이 밸브를 옮겨달려는데 우리가 원하는 대로 기능할 수 없다면 다른 방안을 찾아야 한다. 우리 팀에 들어온 요청 가운데 너무 높은 곳에 위치한 밸브가 있었다. 다른 방법이 있다면 좋았겠지만, 뾰족한 수가 없어서 대안으로 그 부분에 계단 형태의 작은 구조물을 놓는 것으로 DCR을 작성하고 다른 설계부서의 승인을 얻은 후 발주자와 논의하여 최종 해결했다.

이렇게 실제 작업을 해보면 예상치 못한 여러 문제가 발견된다. 현장작업은 워낙 빠르게 진행되므로 올바른 결정을 재빨리 해줘야 한다. 결정을 지체하면 현장에 장치를 설치할 수 없게 되고 뒤이은 작업이 줄줄이 지연된다. 더욱이 큰 장치가 먼저 설치돼야 다른 작은 장치나 배관을 설치할 수 있는 경우가 많고, 특히 해양플랜트는 좁은 공간 안에 온갖 장치와 구성품을 촘촘하게 설치하기 때문에 한 번 설치하면 수정한다고 들어내기도 힘들다. 매일이 비상이었다.

초보 리드 프로세스 엔지니어였던 나는 DCR 사항 등 수많은 업무를 책임지느라 일반 엔지니어일 때에 비해 업무가 두 배 이상 늘었다. 그렇지만 사람은 적응의 동물이라고 하지 않았는가. 나도 결국 적응했다. 갑작스럽게 맡은 업무였지만, 부딪혀가며 정신없이 해내다보니 어느새 사소한 문제 따윈 아무것도 아닐 정도로 강단이 생겼다. 프로젝트가 진행됨에 따라 나도 계속 성장하고 있었다.

화장실에서 찾아낸 문제의 해결책

우리 회사의 야드에서 해상에 설치할 해양플랜트가 제작되고 있는 사이 말레이시아에서는 육상플랜트 공사가 한창이었다. 말레이시아반도 동쪽의 해안에 위치한 도시 파카에서 건설 중인 육상플랜트는 우리가 제작하는 해양플랜트가 바다에서 가스를 생산해 육상으로 보내면 그 가스를 받아서 계량하는 미터링metering 설비와 부대시설로 이루어진 작은 플랜트다.

우리가 주유소에서 기름을 넣을 때 계량을 하듯 가스도 얼마나 생산되는지 계량을 한다. 계량시설은 가스 판매자가 내부 조작을 할 수 없도록 공인기관의 테스트와 인증을 거쳐 엄격하게 관리한다. 이를 위해 많은 장치들이 추가로 설치되고, 또 이를 보조하기 위한 여러 가지 유틸리티 설비가 설치된다. 미터링 설비 외에도 공정상 어떤 문제가 생겼을 때 안전을 위해 가스를 빨리 배출하고 태워버리는 플레어 설비, 사람이 거주할 수 있는 시설과 사무실 등도 함께 건설된다. 육상플랜트는 미터링 설비를 위한 단순한 소규모 플랜트이지만, 신경 쓸 것이 여간 많은 게 아니다.

육상플랜트 공사에서 가장 먼저 하는 작업은 지반을 다지고 기초를 세우는 공사다. 공사가 진행되는 지역은 비가 많이 내리는 동남아시아인 만큼 지반을 다지는 데 상당히 애를 먹었다. 콘크리트를 부은 다음에는 굳혀야 하는데 계속 비가 오니 다 쓸려 내려가고 제대로 마르지도 않았다. 애초에 우기를 피해서 공사 스케줄을 잡았지만 열악한 현지 사정 때문에 일정이 지연되었고 이로 인해 현장작업에 큰 어려움을 겪었다. 어느 정도 기초공사가 끝나고 상부에 플랜트 공사를 진행하고 있었지만, 기초가 다소 불안정하게 완성된 터라 문제가 생기거나 보수공사로 인한 추가금액이 발생할 우려가 있었다.

기초공사 다음으로는 사람이 거주하는 생활관과 업무를 보는 사무실을 지어야 한다. 도시 한복판에 짓는다면 수월하겠지만 기반시설이 전혀 없는 곳에 지어야 하므로 온갖 부대시설을 모두 신경 써야 한다. 전기는 디젤발전기로 생산하고 물은 바닷물을 끌어와 담수로 만들어 이용하기로 했다. 보통 바닷물을 역삼투방식으로 처리하거나 바닷물을 끓여 순수한 수분을 생산하는 방식으로 담수를 만드는데, 역삼투방식은 아무래도 부대시설이 많이 필요하므로 바닷물을 끓여서 담수를 얻는 기술을 채택했다. 이렇게 담수를 만들어도 식수로 쓰기 위해서는 살균하고 미네랄을 첨가하는 장치 등이 추가로 필요하다. 이렇게 생활관과 사무실이 완성되자 도시에서 출퇴근하던 작업자가 생활관에 거주할 수 있게 되었고 육상플랜트 공사도 좀더 빨라졌다.

그런데 잘 진행되는 듯했던 육상플랜트 공사 현장의 한 가지 문제점이 본사로 보고되었다. 생활관에 더운 물이 안 나온다는 것이다. 플랜트 운영과 관련한 보고서가 접수되면 가장 먼저 선행설계부서인 우리 프로세스설계부로 보고된다. 이런 사안은 당장 작업자의 생활에 지장을 초래하므로 최대한 빨리 검토해야 한다.

우리는 먼저 관련 시스템의 설계도면을 살펴봤다. 온수 관련 시스템은 히터가 내장된 온수 공급탱크와 배관으로 구성되어 있고 별도의 펌프는 없었다. 펌프 대신 열 사이펀thermosiphon이라는 원리가 적용되어 펌프가 없어도 온수가 저절로 이동하는 방식이었다. 열 사이펀은 물의 온도에 따른 밀도차를 활용하여 자연스럽게 물이 순환하도록 하는 방식이다. 다시 말해 뜨거운 물은 밀도가 낮아져 가벼워지므로 위로 향하고 차가운 물은 밀도가 높아져 무거워지므로 아래로 가라앉는 현상을 이용하면 저절로 물이 순환한다. 물의 온도가 섭씨 100도 근처에서 유지되기 때문에 데워지지 않은 물과는 50도 이상의 온도차가 나므로 원리적으로는 문

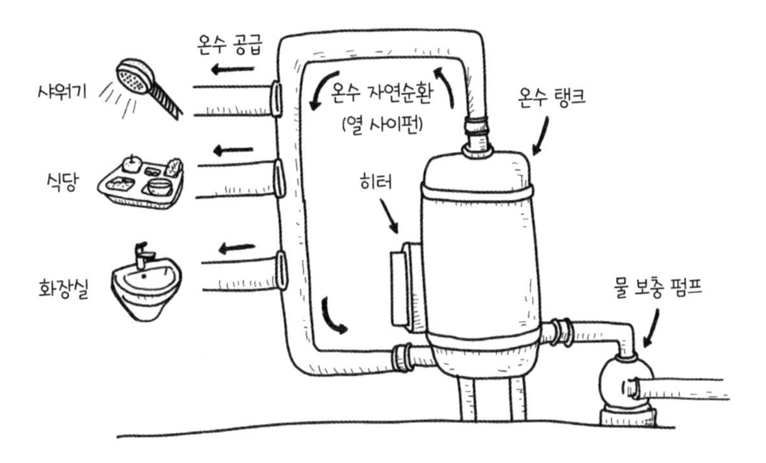

열 사이펀 원리를 적용하여 물의 온도에 따른 밀도차를 이용해 물을 순환시킬 수 있다

제가 없어야 하는데, 매일 아침 아무리 기다려도 온수가 나오지 않는다는 것이었다.

아무리 생각해도 프로세스설계 차원에서는 도저히 해결방법이 나오질 않아 배관의 실제 배치와 길이를 검토하기 위해 배관설계부에 배관상세도를 요청했다. 보통 프로세스설계에서 도출되는 P&ID에는 상세한 배치와 길이까지는 결정되지 않고, 배관설계에 가서야 현장상황에 맞추어 정해지므로 문제가 원리적으로 풀리지 않는다면 실제 제작되는 상황을 살핀 후 해결방법을 찾아야 한다.

배관설계부의 박주용 부장님으로부터 배관상세도를 받아 검토하고 나서야 문제의 원인이 밝혀졌다. 열 사이펀 원리가 적용되기 힘들 정도로 배관의 꼬임이 심했고, 특히 온수 공급탱크와 생활관과의 거리가 100미터가 넘을 정도로 멀어서 생긴 문제였다. 현재 상황에서는 장치를 옮길 수도, 배관을 뜯어 고칠 수도 없는데, 당장 생활관의 작업자들이 불편을 호소하니 해결이 필요했다.

여러 엔지니어가 머리를 맞대고 해결책을 논의했으나 뾰족한 수가 떠오르지 않았다. 그렇게 고민을 계속하는데 화장실에서 번개처럼 아이디어가 스쳐 지나갔다. 화장실 거울 옆에 설치된 온수기, 바로 이것이었다! 급속온수기를 설치하면 기본설비를 건드리지 않아도 되고 많은 비용이 들지도 않으니 가장 간단하고 빠른 해결책이다. 세부적인 설계를 하다 보면 부분에만 집중하므로 수정사항이 생기면 막막해질 때가 있다. 이럴 때는 오히려 엉뚱한 곳에 해결책이 있을 수 있다.

나는 발주자와 현장작업부에 당장 이 아이디어를 제안했다. 발주자나 현장이나 상황을 빨리 해결하는 것이 중요하므로 내 의견에 동의해주었다. 현장상황이 열악하기는 해도 급속온수기 정도는 쉽게 조달할 수 있었고, 며칠 만에 문제가 해결되었다.

아무리 완벽한 설계라 하더라도 실제 조립을 하고 운전을 해보면 예상과는 다른 결과가 나올 때가 정말 많다. 플랜트 공사에 수십 년간의 노하우가 쌓였음에도 불구하고 여전히 정답은 없고 불확실성은 항상 존재한다.

이제 운전매뉴얼을 작성할 시간

프로젝트는 어느덧 후반에 들어서고 있었다. 이 시기에 접어들면 대대적인 문서작업이 시작된다. 그중 하나가 운전매뉴얼을 작성하는 작업이다. 우리 프로세스설계부는 시운전부를 보조해 운전매뉴얼 작성작업을 지원한다. 운전매뉴얼이란 말 그대로 플랜트를 가동하기 위해 수행해야 할 절차를 일목요연하게 작성한 문서로 시운전부가 주관하여 만든다. 주요 공정시스템은 물론이고 유틸리티시스템 하나하나에 대해서도 매뉴얼을 작성한다. 이 플랜트를 잘 모르는 사람도 수월하게 이해할 수 있도록 자세히 적어줘야 하므로 그 분량이 매우 방대하다. 수십 개의 매뉴얼 각각이 수백 페이지에 이를 정도이므로 우리 회사에서는 운전매뉴얼 작성을 위해 별도의 외주 작업자를 고용한다.

그렇다 해도 운전매뉴얼의 기본이 되는 핵심 사항은 프로세스설계에서 미리 정해진다. 이를 운전필로소피Operating Philosophy라고 한다. 필로소피를 한글로 굳이 옮기자면 '철학'인데, 말 그대로 개념적으로 중요한 사항을 담고 있다. 엄청난 분량의 운전매뉴얼이 모두 운전필로소피에 기반을 두고 작성된다.

살라맛 프로젝트의 운전필로소피는 오리스 엔지니어링에서 작성한 후 지금까지 여러 차례 업데이트되었다. 플랜트 엔지니어링이 쉽지 않은 것은 처음에 많은 노력을 쏟아부어 거의 완벽하게 설계를 완성했더라도 중간에 발주자의 요구조건 등이 변경되면 그와 연관된 설계사항도 줄줄이 변경되기 때문이다. 살라맛 프로젝트 역시 중간중간 발주자가 추가로 요구하는 변경주문change order 등을 반영하기 위해 많은 내용이 업데이트되었다.

운전매뉴얼에 들어가는 또 하나의 첨부물이 바로 P&ID다. 여기에는 작업할 때 사용한 P&ID를 그대로 싣는 것이 아니라 어떤 유체가 어떻게 흘러가는지, 처음 가동할 때 어떤 밸브와 장치를 어떤 순서대로 조작해야 하는지 색깔과 번호로 알아보기 쉽게 표시한다. 예를 들면 이런 것이다. 물, 오일, 모래 등 불순물이 포함된 가스를 분리하는 시스템을 가동시키려면 그 혼합물이 분리기에 들어가기 전 여러 조치를 한다. 가장 먼저 분리기 앞에 있는 밸브가 정상적으로 작동하는지 누설leak 테스트를 하고, 용기 모양을 한 분리기 내부에 물도 채워넣는다. 물을 넣는 이유는 분리기 상

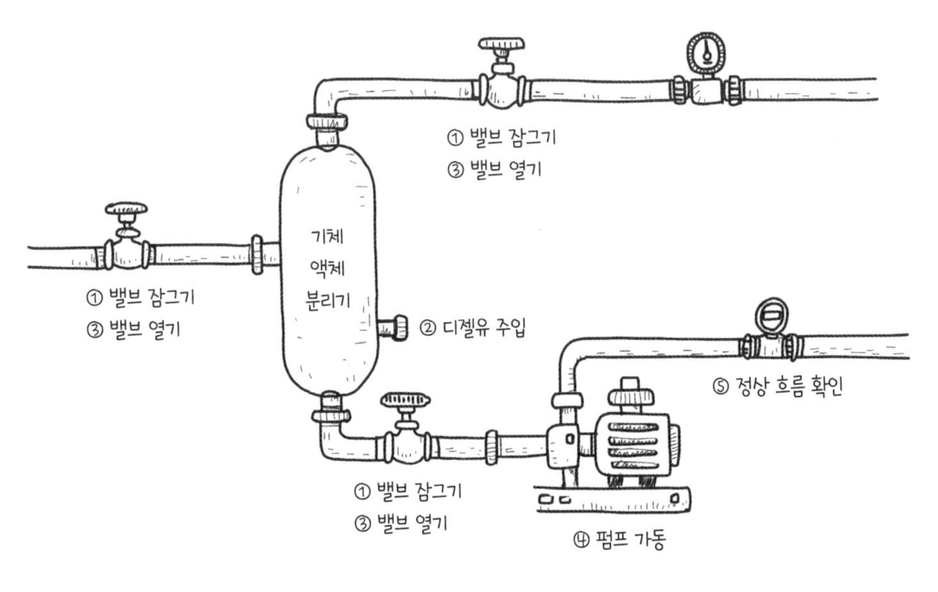

운전매뉴얼 예시

단으로는 가스만 나가고 하단으로는 액체만 나가야 하는데, 액체가 채워져 있지 않으면 들어온 가스가 위가 아니라 아래로 빠져나가면서 액체시스템에 영향을 주기 때문이다. 또한 가스가 나가는 쪽의 압력 조절밸브도 미리 체크해둔다. 사전 확인이 모두 끝난 후 분리기에 가스혼합물을 넣을 때는 한꺼번에 넣지 않고 밸브를 이용해 서서히 유량을 늘려가면서 분리기 내부를 천천히 채운다.

이런 상세한 절차를 전부 말로 풀어서 설명할 수 없으므로 P&ID에 번호를 붙이고 주석을 달아 직관적으로 표현한다. 운전매뉴얼이 프로젝트 막바지에 작성되는 이유 중 하나가 여기에 있다. 거듭된 업데이트를 거쳐 최종 확정된 P&ID를 사용해야 하기 때문이다. 역시 쉬운 작업은 아니지만 운전매뉴얼 작업을 해보는 것은 엔지니어 입장에서 큰 도움이 된다. 그동안의 운전필로소피와 P&ID를 정리하다 보면 프로젝트 내내 일부 시스템만 집중적으로 보였던 시야가 확장되어 전체 시스템이 하나로 보이기 때문이다.

플랜트 제작의 마무리를 준비하는 파이널 도시어

플랜트의 세부 배관과 장치들은 조립이 거의 완료되어 야드에서의 시운전을 눈앞에 두고 있었다. 그림을 그릴 때도 크고 굵직한 것을 먼저 그린 다음 작고 세부적인 것을 그리듯 플랜트 제작도 비슷하다. 우선 각 층의 데크 구조물을 제작해 조립하고, 각 데크별로 가장 큰 장치들부터 작은 장치들 순서로 세부 조립을 진행해나간다. 중요 장치들의 배치가 끝나면 배관을 조립해 각 장치들을 이어주고, 이후 전기와 계기의 각종 케이블이 지나가는 철제 선반tray을 설치한다. 구조물을 조립할 때는 골리앗크레인을 쓴다. 골리앗크레인이 거대한 철구조물을 들어올려 마치 레고블럭을 쌓듯 구조물들을 쌓는 모습은 볼 때마다 재미있다. 그렇게 모든 조립이 끝나고 장치를 작동시킬 수 있게 되면 전기를 공급해 주요 장치가 잘 가동되는지 테스트한다.

현장에서 이렇게 한창 제작을 마무리하고 있을 때, 설계부서에서는 그동안 작성했던 수많은 설계문서를 정리하여 파이널 도시어final dossier라는 일종의 '최종 문서 패키지'를 만든다. 마지막으로 승인된 설계물의 원본 파일과 PDF 파일이 함께 들어가는 최종 문서 패키지는 발주자에게 전달되는 문서이므로 이 작업은 중요한 공사 마무리 작업 중 하나다. 최종 문서 패키지를 제대로 갖추지 않으면 발주자가 플랜트를 운전할 때 참조자료가 없어 문제를 겪을 수 있기 때문에 발주자도 최종 문서 패키지 검토에 심혈을 기울인다.

내가 속한 프로세스설계 작업과정에서도 PDF파일로 된 도면이나 문서, 각종 계산시트, 시뮬레이션 파일 등 여러 형태의 원본 파일이 만들어진다. 워낙 파일이 많고 아직까지도 발주자의 승인이 나지 않은 문서도 있으므로 정신을 바짝 차리고 정리해야 한다. 이 때문에 최종 문서 패키지 정리작업은 발주자-계약자-벤더 사이에서 문서를 주고받는 문서제어document control 관리 담당자가 총괄하여 진행한다. 프로젝트가 시작할 때부터 끝날 때까지 모든 문서는 문서제어 관리 담당자를 통하며, 트랜스미탈transmittal이라고 부르는 문서나 도면의 리스트, 담당자 이름, 발행날짜 등 명세가 적혀 있는 일종의 커버시트와 함께 공식적으로 교신된다. 그리고 프로젝트 막바지에는 문서제어 관리 담당자가 이 최종 문서 패

Final dossier cover sheet			
수신자:	탑 E&P	부서명:	프로세스설계
발송자:	한국중공업	작성자:	홍길동
제목: 프로세스설계 최종 설계 패키지 리스트			
1. 문서 1) 계산서 - SAL-PR-CAL-0001: 공정시뮬레이션 리포트 - SAL-PR-CAL-0002: 탱크 크기 산정 계산서 ….. 2) 데이터시트 - SAL-PR-DAT-1001: 가스혼합물 분리기 데이터 시트 - SAL-PR-DAT-1002: 컨덴세이트 펌프 데이터 시트 ….. 2. 도면 1) P&ID - SAL-PR-PID-0001: 가스혼합물 유입 배관 - SAL-PR-PID-1001: 가스혼합물 분리기 A ….. 2) PFD - SAL-PR-PFD-0001: 가스혼합물 유입 시스템 - SAL-PR-PFD-1000: 가스혼합물 분리시스템 …..			

파이널 도시어(최종 문서 패키지)

키지 작업을 총괄한다.

우리는 프로젝트 내내 공용폴더에 날짜별, 버전별로 원본 파일과 PDF 파일을 일목요연하게 정리해두었기에 정리하는 데 시간이 많이 걸리지 않았다. 그런데 모든 부서가 이렇게 일하는 것은 아니다. 어떤 부서는 그동안의 문서들이 제대로 정리되어 있지 않아 고생한다. 설계와 제작 작업을 하며 벌써 3년 가까이 진행된 프로젝트이다 보니 문서 파일이 엄청나게 만들어졌는데, 그것을 처음부터 체계를 제대로 잡지 않고 중구난방으로 쌓아놓으니 결국 이런 문제가 생기는 것이다. 그 사이 퇴사나 전출 등 여러 가지 이유로 담당자가 계속 바뀌기 때문에 자료가 뒤죽박죽 있으면 필요한 서류를 찾는 것도 쉽지가 않다. 어떤 때는 퇴사자에게 연락해서 자료가 어디 있는지 물어보기도 하는데, 이미 오래전에 떠난 사람에게 물어봐야 제대로 된 답변이 나올 리가 없다. 끝끝내 제대로 된 자료를 찾기 못하면 결국에는 오래된 문서의 원본 파일을 찾아 최종 상태로 업데이트한 후 최종 문서 패키지에 넣어야 한다. 1년 전에는 한 프로젝트의 공용 파일 저장소가 랜섬바이러스에 감염되어 대부분의 자료를 날리는 가슴 철렁한 사건도 있었다. 다행스럽게도 서버를 이중으로 백업해놓은 덕분에 대부분의 자료가 남아 있었다.

그동안 만들어진 설계자료를 모두 정리하고 나니 속이 후련하면서도 시간이 참 많이 흘렀구나 하는 생각이 들었다. 사원 때 시작하여 벌써 대리 중반이 되었고, 아무것도 모르는 상태에서 도면과 문서를 담당하다가 실수도 많이 했는데, 이제는 프로세스설계를 총괄하는 리드 엔지니어가 되었으니 감회가 새롭다.

설계와 제작은 대부분 마무리되었으나, 더 중요한 일이 남아 있다. 바로 우리가 설계한 플랜트가 별 탈 없이 작동되는지 확인하는 일이다. 기대도 되고 두렵기도 한 시운전이 곧 시작될 것이다.

두렵고 떨리는 야드 시운전

설계부서에서 최종 문서 패키지 작업이 완료될 즈음 육상의 야드 현장에서도 본격적인 시운전을 시작했다. 시운전은 먼저 전기를 끌어와 플랜트에 공급하고 그 다음에 용수나 공기 등 각종 유틸리티를 공급하면서 시작된다. 이 첫 번째 시운전은 우리 회사의 시운전부 담당자들이 수행한다. 여러 프로젝트에서 수없이 시운전을 수행했던 실력자들이다. 그러나 실력이 대단한 만큼 고집도 세서 설계부서와 자주 다툰다. 특히 공정운전의 핵심 콘셉트를 설계한 프로세스설계부와 마찰이 잦고 심하면 고성이 오갈 정도로 논쟁을 벌이기도 한다.

본격적으로 플랜트 시운전이 시작됐는데, 시운전부에서 한 통의 전화가 걸려왔다. 동기인 이동민 대리의 전화였다. 이미 나이지리아, 콩고 등에 설치한 해양플랜트의 시운전 경험이 있는 이동민 대리는 젊지만 실력이 매우 좋다고 인정받고 있었다. 이동민 대리의 목소리에는 신경질이 잔뜩 묻어 있었다. 플랜트에 온수가 제대로 공급되지 않는다는 것이었다. 이 온수문제는 지난 번 육상 플랜트 공사에서도 발생했었는데, 생활과 관련된 만큼 빨리 해결하지 않으면 발주자가 바로 클레임을 걸 수 있는 사항이다. 동기인 나한테까지 이렇게 심하게 불만을 토로하는 걸 보니 현장상황이 급박하게 돌아가는 것 같았다.

문제를 해결하기 위해 지난번처럼 P&ID를 검토하는 동시에 배관설계부로부터 받은 실제 배관의 배치도면을 살펴봤다. 그런데 지난번 육상공사 때와는 다르게 열 사이펀이 문제없이 작동할 수 있도록 배관이 제대로 배치되어 있었고, 온수시스템도 문제가 없었다. 혹시 시운전을 잘못했나 싶어 다시 한 번 테스트해보라고 했지만 며칠 뒤에도 마찬가지라는 연락을 받았다. 이럴 때는 직접 보고 판단하는 수밖에 없다.

안전모, 안전화 등 각종 안전구를 착용하고 야드의 플랜트 현장으로 나가니 다들 작업으로 정신이 없었다. 한쪽에서는 미처 완료하지 못한 배관과 케이블작업이 한창인데 다른 한쪽에서는 각종 장치의 시운전을 하는 등 여러 일이 동시다발적으로 벌어지고 있었다. 언성을 높이며 불만을 쏟아내던 동기에게 잠시 서운함을 느낀 내 자신이 부끄러웠다.

그렇게 찾은 현장에서 드디어 운전하시는 분들을 만나게 되었다. 총책임자는 민경준 기장님으로, '기장'이라면 사무부서의 부장과 비슷한 직급이다. 민경준 기장님은 수십 년 동안 전 세계의 해양플랜트 시운전 현장을 돌아다니며 각종 경험을 쌓아온 베테랑이고, 성격도 시원시원했다. 우리는 민경준 기장님을 따라서 온수생성 시스템부터 배관시스템까지 전부 둘러보았다. 이야기를 나눠보니 기장님도 설계상 문제가 없는데, 왜 온수가 제대로 나오지 않는지 의문이라고 했다. 매일 아침 플랜트를 재가동하면 온수는 몇 시간이나 지나야 나온다는 말을 듣고 퍼뜩 드는 생각이 있었다. 현재 시운전이 진행되는 우리나라의 야드 현장은 추운 겨울이지만 플랜트 설계조건은 동남아의 따뜻한 기후를 기준으로 한 것이 문제의 원인이 아닐까 하는 생각이었다. 민경준 기장님은 내 생각을 듣고 어느 정도 납득이 간 듯했다. 당장 이곳에서 해결할 수는 없으니 나중에 해상에 설치된 후 문제가 재발하는지 확인해보자고 했다. 만약 그때 문제가 생겨서 펌프를 추가해야 한다면 역시 큰일이기는 하지만, 해상에 가면 이 온수문제가 발생하지 않을 것이라는 확신이 들었기에 그렇게 일단락을 했다(다행스럽게도 해상에 설치된 후에는 온수가 아주 잘 나왔다).

갖가지 문제를 해결하고 나면 또 다른 문제들이 계속 튀어나오는 대혼란의 와중에도 다행히 일부 운전제어 로직과 절차를 개선함으로써 대부분 해결할 수 있었고, 육상야드에서의 시운전은 마무리되었다. 시운전에서 심각한 문제가 발견되어 장치나 배관을 들어내야 하는 수정이 생기면 아주 골치가 아파지고, 잘못해서 일정이라도 지연되면 막대한 손해를 입는다. 이렇게 해양플랜트의 설계 업무 하나하나가 중요하다는 사실을 깨달아가면서 나는 점점 신중하게 일을 진행하게 되었다. 생각할 것이 많아서 스트레스도 많지만, 프로세스설계 엔지니어로서 실제로 설비가 제대로 작동하는 것을 확인했을 때의 보람은 말로 표현하기 어렵다.

기술사시험에 최종 합격하셨습니다

'제97회 기술사시험에 최종 합격하셨습니다.'

떨리는 마음으로 누른 ARS 전화 속에서 화공기술사에 최종 합격했다는 음성이 흘러나왔다. 눈물이 왈칵 나왔다. 매일이 전쟁 같은 여유 없는 생활 속에서 시간을 쪼개 2년 동안 준비했던 기술사시험에 드디어 합격한 것이다. 시험을 본격적으로 준비하면서부터 긴 시간 압박감에 시달렸는데, 전화 속 목소리로 그 압박감이 단번에 사라졌다.

기술사란 '해당 기술 분야에서 고도의 전문지식과 실무경험에 입각한 응용능력을 보유하고 기술자격검정에 합격한 사람'에게 주어지는 국가 기술자격의 최고봉이다. '기술 분야의 고등고시'라고 불리며 기술사를 취득한다는 것 자체가 최고 전문가임을 인정받는 것이기 때문에 공대 출신의 엔지니어에게는 꿈의 자격증 중 하나다.

기술사에 도전하기로 결심한 건 프랑스 오리스 엔지니어링에 파견을 갔을 때였다. 그곳에서 실력의 부족함을 뼈저리게 느꼈던지라 더 미룰 이유가 없었다. 우선 관련 정보를 찾아봤더니 다른 기술사와 달린 화공기술사에 대한 자료는 전무했다. 하는 수없이 다른 분야 기술사 책을 살펴보면서 시험 공부 노하우를 모았다. 이 책들 중에서 가장 도움이 됐던 것은 기술사시험 준비의 일반적인 방법론을 소개한 《기술사 합격 노하우》(이춘호 지음)라는 책이었다. 기술사시험에 임하는 마음가짐부터 필기시험과 실기시험을 어떻게 준비해야 하는지 아주 친절하게 설명하고 있었다. 핵심 과목의 기본서로 이론을 공부하고 계속해서 문제를 풀면서 기초체력을 길러야 한다는 조언은 당연했고, 매일 철저한 시간관리와 체계적으로 자료를 정리해 서브노트를 만들 것, 그리고 이를 몸에 익히는 것이 중요했다. 기술사시험 합격수기를 읽어보면 준비가 덜 됐더라도 분위기를 파악하기 위해 필기시험에 도전해보라는 조언이 많았다. 그렇게 해서 무작정 응시하고 시험을 봤는데, 당연히 거의 풀지 못했다. 그렇지만 시험장의 분위기, 시간 안배에 대한 감은 잡을 수 있었다.

첫 시험을 보고 난 후 3개월 동안은 부족한 기본 공부에 매진했다. 그 후 다음 필기시험까지 남은 기간 동안 본격적으로 시험을 준비했다. 이때 가장 중요한 건 과년도 문제를 검토하여 출제빈도를 파악하는 것이다. 시험인 만큼 중요한 부분은 이미 정해져 있고, 출제빈도가 유난히 높은 문제가 있기 때문에 우선순위를 매겨야 한다. 그렇게 과년도 문제를 정리한 다음에는 서브노트를 정리했다. 하루 종일 진행되는 기술사 필기시험은 논술방식으로 각 교시마다 네 개 이상의 문제에 대해 서술해야 한다. 개요부터 본론, 응용사례 등을 일목요연하게 작성해야 하므로 답안작성에도 훈련이 필요하다. 서브노트란 논술방식의 답안을 미리 작성해보는 것이다. 하루에 볼펜 2~3자루를 쓸 정도로 매우 고됐지만, 이렇게 하지 않으면 절대 합격할 수 없기에 꾹 참고 매일 저녁 공부에 집중했다. 하지만 회사에는 알리지 않고 시험준비를 했기 때문에 각종 행사나 회식에도 빠질 수가 없었고, 그래서 절대적으로 시간이 부족했다.

그렇게 1년간 힘든 나날을 보내고, 드디어 필기시험 날. 지난 번 시험 삼아 봤던 필기시험 때처럼 여러 종목의 기술사시험을 한 곳에서 치르다 보니 시험장소인 학교가 매우 북적였다. 1교시 문제는 대부분 기본적인 이론이나 회사업무를 하면서 접했던 내용이라 답하는 데 문제가 없었다. 자신감이 붙었다. 그리고 2교시가 시작되고 문제지를 보는데, 높아진 합격에 대한 기대가 그대로 꺾여버렸다. 어려운 문제가 대부분이었고, 공부를 소홀이 했던 과목에서 많은 문제가 출제됐다. 준비를 잘 하지 않았던 계산문제까지 나와서 당황했다. 다른 사람도 비슷했는지 시험지를 보자마자 바로 포기하고 나가는 사람도 있었다. 하지만 아직 포기하기는 일렀다. 나는 문제 여섯 개 중 그나마 자신 있는 문제를 선택했다. 한 문제는 완벽하게 답안을 작성했지만 나머지 세 문제는 아쉬움이 많았다. 과락을 면하려면 네 문제에서 평균 40점이 넘어야 하는데 완벽하게 풀어도 만점을 주는 경우는 흔치 않기에 과락을 면하기는 힘들 것 같았다. 다행스럽게도 오후 3교시와 4교시는 자신 있는 문제가 많이 나와 만족스럽게 시험을 끝낼 수 있었다.

그렇게 필기시험을 본 지 한 달 반이 지나 필기시험 합격자 발표날이 되었다. 오전 10시에 발표되기 때문에 출근하고 나서도 일이 손에 잡히지 않았다. 10시가 되어 떨리는 마음으로 수험번호를 넣고 확인버튼을 누르는 순간, 화면에 점수와 함께 '합격'이라는 메시지가 나타났다. 사무실에서 소리를 지를 정도로 짜릿했고, 지난 고생을 전부 보상받은 것 같았다. 그러나 아직 필기시험만 합격한 상태니 다시 마음을 잡고 실기시험 준비를 시작했다.

필기시험에 합격하면 이력카드를 낸다. 자신이 수행했던 프로젝트 이력에 대해 작성해 제출하면 면접관이 이를 보고 면접을 보는 것이다. 필기시험에 합격했다는 기쁨의 여운이 채 가시지 않은 상태에서 보게 된 면접시험. 필기시험은 전국에서 치러졌지만 면접시험은 서울에 있는 한국산업인력공단 본사에서 진행됐다. 면접장에 들어서니 다른 종목의 기술사 면접시험과 동시에 치러지고 있어서 매우 번잡했다. 이렇게 정신없는 상황이라도 침착함을 잃으면 안 된다. 세 분의 면접관이 있었고 한 사람씩 돌아가면서 질문을 시작했다. 자신 있는 내용에는 힘차게 대답하고 모르는 내용에 대해서는 솔직하게 모른다고 대답하며 30분 동안 정신없이 면접시험을 치렀다. 시험장을 나올 때 만족감을 느꼈던 게 괜한 허세나 위안은 아니었던 듯 결국 면접시험에도 합격했고, 나는 화공기술사가 되었다. 그동안 시험준비하는 것을 몰랐던 동료들은 놀라며 축하해주었고, 옆에서 시험준비를 지켜봤던 가족들도 고생했다며 기뻐해주었다.

공학 분야에서 최고 자격인 기술사. 꿈에 그리던 자격을 취득하여 기쁘기도 했지만, 이제 시작이라는 생각도 들었다. 기술사인 만큼 더욱 전문적으로 업무를 수행해야 하고 책임져야 하기 때문이다. 이때 한 가지 결심한 것이 있다. 바로 기술사시험을 준비하는 후배들을 위해 책을 써보자는 것이었다. 공부를 시작한 초반에 제대로 된 가이드가 없어 시행착오를 많이 했기 때문에 다른 사람들은 나와 같은 고생을 안 하면 좋겠다는 생각이었다.

그렇게 해서 2017년에 《화공기술사 합격노트》를 출간했다. 나는 이 책에 시행착오를 최소로 줄일 수 있도록 올바른 시험준비 방향과 답안작성의 씨앗이 될 수 있는 서브노트를 담았다. 이 책의 도움을 받았다는 수험자나 선후배들로부터 합격소식을 들으면 그 보람이 이루 말할 수가 없다. 앞으로도 많은 사람들이 이 책을 길라잡이 삼아 기술사 합격의 기쁨을 누리고 우리나라 화공기술의 경쟁력도 높일 수 있기를 바란다.

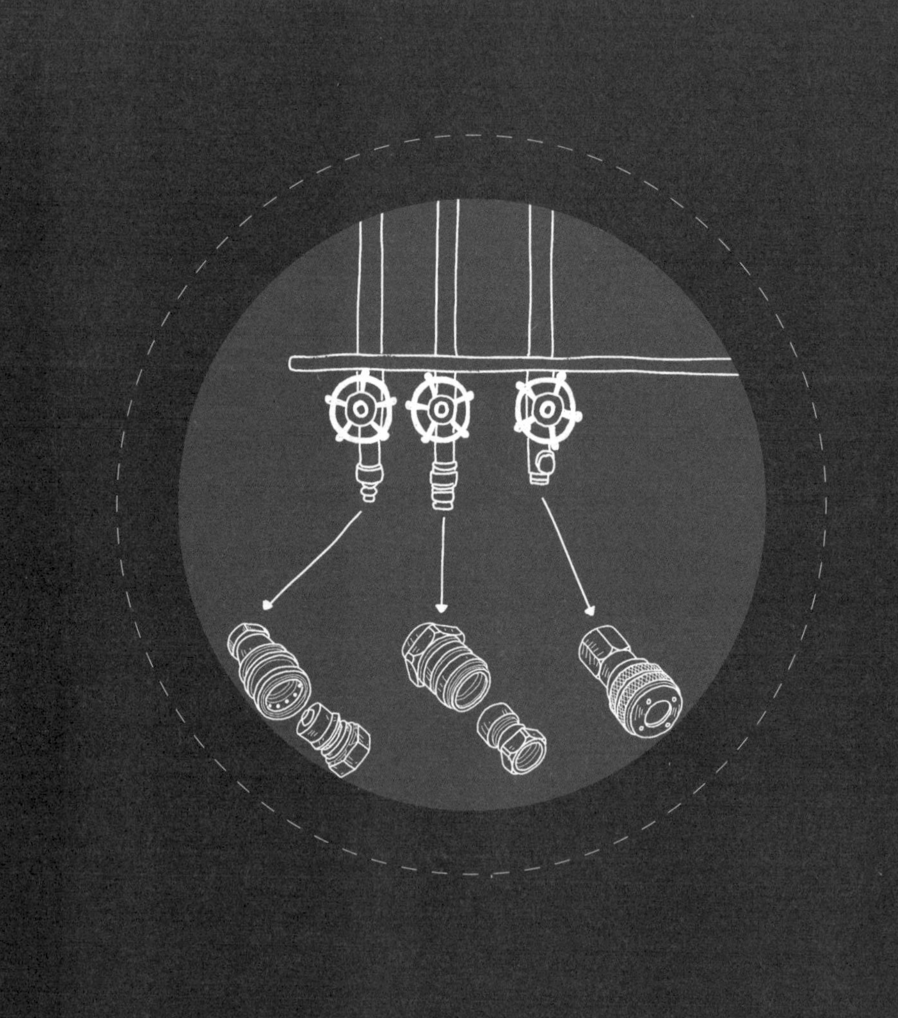

4장

프로젝트 마무리

드디어 말레이시아로 향하는 살라맛 플랜트

펑! 펑! 해양플랜트 모듈을 제작했던 현장에서 축포소리가 울려퍼진다. 말레이시아 해상에 설치될 해양플랜트 설비가 드디어 야드에서의 시운전을 끝내고 출항하기 전 기념식을 연 것이다. 아직 가장 중요한 해상에서의 시운전 등 여러 작업이 남았지만, 굵직한 작업은 대부분 마무리되었기에 출항 전 축하행사가 마련됐다. 오늘 초청된 손님은 발주처의 사장과 임원단, 그리고 우리 회사 사장님과 임원단, 살라맛 프로젝트의 나머지 투자자들이다. 이 프로젝트에서 발주처인 탑 E&P의 지분은 51퍼센트이고, 나머지는 말레이시아의 국영 석유회사인 페트로나스와 일부 민간투자회사들의 지분으로 구성되어 있다.

실무자들과는 별 관련이 없는 30분간의 짧은 출항행사가 끝나자 말레이시아의 설치장소로 이동하기 위한 막바지 현장작업이 시작됐다. 보통 해양플랜트는 바지선barge이라고 하는 평평한 형태의 부력이 있는 구조물에 실려서 이동한다. 바지선은 플랜트를 싣고 있지 않을 때는 안에 바닷물을 채워 부력을 유지하다가 플랜트가 실리면 다시 바닷물을 배출해 부력을 보강한다. 육상의 야드에 있던 해양플랜트는 임시로 깔린 레일 위를 며칠에 걸쳐 조심스럽게 이동해 바지선에 실린다. 성급하게 이동시키다가 무게중심이 한쪽으로 쏠려 쓰러지기라도 하면 이만한 대형 사고도 없다.

플랜트 설비가 안전하게 바지선에 실리면, 다음 단계로 바지선을 끌고갈 예인선 다섯 대가 이동하기 시작한다. 바지선 자체는 일반 선박과 같은 추진력이 없기 때문에 별도의 예인선에 줄로 연결시켜 이동한다. 바다로 나가도 파도와 바람 등 불확실한 요소가 많기 때문에 예인선의 이동속도는 매우 느리다. 설치장소에 도착하는 데 3주 정도 걸릴 거라고 했다. 혹시 모를 사고에 대비해 보험도 모두 가입해 놓았다. 예전에 한 해양플랜트회사에서 거대한 플랜트를 이동시키다가 바지선업체의 실수로 바다에 빠뜨린 적이 있다. 바다에 빠진 설비를 건지는 것도 힘든 일일 뿐만 아니라 건져내도 사용할 수 없으므로 다시 제작해야 했던 최악의 사고였다. 몇 년간의 노력이 물거품이 될 수도 있으므로 플랜트 이동은 정말 조심스러운 작업이다.

예인선을 연결하는 작업까지 끝낸 바지선이 항해 준비를 마친

설치장소로 이동하기 위해 바지선으로 옮겨지는 플랜트

때는 석양이 지고 있는 오후였다. 사무실 사람들이 갑자기 웅성웅성하길래 창밖을 내다보니 몇 년 동안이나 동고동락했던 해양플랜트가 서서히 움직이고 있었다. 후련하면서도 아쉬웠다. 어느덧 보이지 않을 정도로 먼 바다로 이동한 플랜트. 6개월 뒤에 다시 만날 플랜트가 안전하게 잘 설치되기를 기원하며 그렇게 시원섭섭한 하루가 지나갔다.

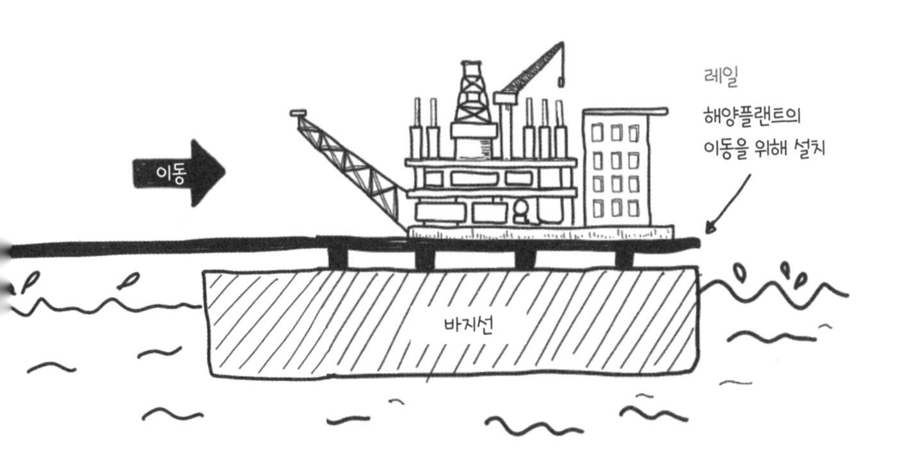
이동
레일
해양플랜트의
이동을 위해 설치
바지선

죽음의 공포를 느낀 해상 안전교육

기념식과 함께 야드를 떠났던 해양플랜트가 별 탈 없이 해상 현장에 도착해 잘 설치되었다는 소식이 도착했다. 가장 위험해서 걱정이 많았던 해상으로의 이동과 설치작업이 무사히 끝난 것이다. 막 설치된 플랜트는 전기가 공급되기 전이라서 사람이 거주할 수 없다. 전기가 들어올 때까지 작업자들은 따로 빌린 해상거주선에서 플랜트를 오가며 일한다. 대부분 수십 년 이상의 연식을 가진 해상거주선은 시설이 노후해 이곳에서의 생활은 매우 열악하다. 또 많은 작업자들이 상주하므로 구조도 복잡하게 되어 있다. 그럼에도 대여비용은 만만치 않다. 따라서 최대한 빨리 플랜트의 전기와 물 시스템을 정상적으로 구동시켜야 한다.

플랜트가 해상에 설치되면 가장 먼저 해야 할 일이 전기를 살리는 것이다. 플랜트에는 전기공급을 위한 발전기가 다양한 크기로 여러 종류 구비되어 있다. 처음부터 큰 발전기를 돌릴 수는 없기 때문에 우선 비상발전기를 돌려서 몇몇 핵심 장치부터 구동한다. 그렇게 핵심 제어시스템과 안전시스템에 전기를 공급하고 나서야 대형 발전기를 움직일 수 있는데, 우리 플랜트의 발전기는 가스와 디젤, 두 가지 연료로 가동되는 듀얼 타입 터빈발전기다. 플랜트가 설치된 직후에는 디젤유로 가동되지만, 정상적으로 가스가 생산되면 이를 활용할 것이다. 이 때문에라도 최대한 가스생산을 앞당기는 것이 좋다. 해상플랜트인 만큼 디젤유가 떨어질 무렵 유조선이 와서 디젤유를 보충해줘야 하는데, 이것이 모두 비용이기 때문이다.

전기 다음으로 살려야 하는 시스템은 각종 용수를 공급하는 물 공급 시스템이다. 플랜트에서는 식용, 산업용 등으로 많은 물이 필요하다. 이 모든 물은 바닷물을 활용하여 생산된다. 바닷물을 끌어올려 담수시스템에서 염분을 빼낸 다음 식당, 화장실, 주요 가스생산시스템에 공급한다. 담수뿐만 아니라 바닷물 자체도 많이 쓰인다. 물은 특히 플랜트의 냉각을 위한 냉각수로 많이 활용된다. 이제 막 설치된 플랜트는 핵심 설비를 구동하는 것보다는 사람이 살 수 있는 상태로 만드는 것이 우선이므로 냉각수보다는 식수와 소량의 산업용수 생산이 더 중요하다.

해양플랜트를 정상적으로 구동시키기 위해 여러 준비작업이 진행되는 와중에 나는 석 달 뒤에 시작될 석 달 간의 파견근무를 준비했다. 가장 먼저 해상 안전교육을 받아야 했다. 해양플랜트 현장에서 일하려면 반드시 이수해야 하는 교육 중 하나가 바로 해상 안전교육이다. 해양플랜트에서 발생할 수 있는 비상상황에 대비해 모의훈련을 하는 교육으로, 우리나라에서는 부산에 있는 해양수산연수원에서 교육과정을 운영하고 있다. 이 교육과정을 수료한 뒤 발급되는 확인증서가 있어야만 해양플랜트에서 근무할 수 있다.

그렇게 해서 2박 3일 동안 교육을 받으러 부산 해양수산연수원으로 향했다. 이미 교육받았던 사람들로부터 이야기를 들어보니 특히 수영장에서 모형헬기에 탑승해 잠수하는 훈련에서는 수영장 물을 많이 마실 거라고 했다. 첫날 교육은 비교적 간단했다. 화재에 대처하기 위한 교육으로, 한두 시간 정도 화재상황에 대한 이론 수업을 듣고 소화기로 실제 불을 끄는 훈련이었다.

본격적인 훈련은 둘째 날에 있었다. 이날의 주요 교육내용은 근무 중 바다에 빠졌을 경우, 또 헬기에서 긴급하게 탈출해야 할 경우에 대한 훈련이었다. 군복무를 해군에서 했기 때문에 수영에는 어느 정도 자신이 있었지만, 조금은 긴장됐다. 훈련장은 일반 수영장과는 달리 파도를 일으킬 수 있는 장치를 써서 물결이 일렁였고, 모형헬기가 설치되어 있었다. 첫 번째 훈련은 바다에 빠졌을 때 구조될 때까지 버티는 훈련이었다. 혼자라면 구명복을 입고 전투수영으로 이동하면 되지만, 단체라면 모두 함께 탈출하기 위해 어깨동무를 하고 바다 위에 떠 있는 연습, 단체로 이동하는 연습을 한다. 모두 같이 잘 해야 하기 때문에 혼자서 하는 것보다 단체로 하는 것이 몇 배는 힘들었다.

고된 오전 단체훈련을 끝내고 점심을 먹은 후에는 추락하는 헬기에서 탈출하는 훈련을 시작했다. 오전에 보았던 모형헬기에서 진행하는, 해상 안전교육에서 가장 힘든 과정이었다. 모형헬기는 크레인과 연결되어 있고 회전도 가능해서 다양한 훈련을 할 수 있다. 훈련은 헬기가 뒤집히지 않고 추락한 경우와 뒤집혀 추락한 경우로 나뉘어 진행된다. 우리는 먼저 뒤집히지 않은 채로 추락한 헬기에서 탈출하는 훈련을 시작했다. 우리를 태운 모형헬기가 수영장 쪽으로 서서히 움직였다. 이윽고 모형헬기가 빠르게 물속으로 빠지기 시작하는데, 아무리 수영에 자신 있어도 이 순간에는 긴장으로 얼어붙을 것 같았다. 모형헬기가 바다에 빠지면 탈착식 문을 발이나 손으로 세게 쳐서 제거한 후 빠져나와야 한다. 말이 쉽지 정말 고난이도의 훈련이었다. 역시나 듣던 대로 물을 엄청나게 마시고 나서야 간신히 성공할 수 있었다.

그러나 이 훈련은 오늘 훈련코스에서 가장 쉬운 훈련이었다. 이어지는 고급 훈련은 헬기가 거꾸로 뒤집힌 상태로 바다에 잠길 때 탈출하는 훈련인데, 연속되는 훈련에 정신이 혼미해졌다. 다시 한 번 모형헬기에 탑승하고 수영장 쪽으로 내려가나 싶더니 모형헬기가 갑자기 뒤집혔다. 갑작스러운 추락에 당황한 나머지 역시나 수영장 물을 엄청나게 마시면서도 살아야겠다는 본능으로 문을 찾아 이곳저곳을 더듬었다. 앞이 제대로 보이지 않아서 헤매고 있는데 다행히도 동료가 먼저 문을 제거해 탈출했고, 빠져나가는 동료를 따라 나도 가까스로 탈출할 수 있었다. 이 모든 일은 구조물이 수영장에 잠긴 지 1분도 되지 않아 일어났다. 만약 실제 바닷속에서 1분 이상 허우적거린다면 생사를 가를 수도 있다. 필수로 받아야 하는 훈련이 정말 맞았다!

마지막 날은 이론 교육을 받으며 편안히 정리하는 시간을 가졌다. 전날 훈련이 워낙 고됐어서 또 다른 훈련을 했다면 기절했을 것이다. 2박 3일간의 짧은 교육이었지만 생사를 가르는 중요한 체험을 하고, 드디어 해상안전 및 비상대응 기본 교육 확인증서인 BOSIET Basic Offshore Safety Induction & Emergency Training 자격증을 취득할 수 있었다.

본사에서 파견을 위해 각종 준비를 하는 동안 말레이시아 해상에 설치된 플랜트는 슬슬 가동되기 시작했고, 크고 작은 문제점들도 들려오기 시작했다.

잘 설치된 플랜트에서
계속해서 날아오는 문제들

말레이시아 바다에 설치된 플랜트의 각종 유틸리티가 본격적으로 가동되고, 실제 가스생산을 위한 공정설비의 시운전이 시작됐다. 해양플랜트에 가스가 유입되기까지는 몇 개월이 더 걸릴 것이다. 내가 그곳에서 파견근무를 마치고도 두 달 후에나 정상적으로 가스가 들어올 것이라고 했다. 주요 공정설비가 본격적으로 가동되기 전에 세부적인 테스트를 두루 거쳐야 한다. 플랜트 제작 야드에서 아무리 완벽하게 테스트했다 하더라도 실제 설치장소로 이동하면서 흔들리기도 하고, 설치환경도 달라지기 때문에 또 다시 테스트를 하는 것이다. 특히 중요한 것이 유출leak테스트다. 각종 배관과 장치가 연결되어 있는 플랜지에서 새는 부분이 없는지 중점적으로 확인하는데, 이동하는 동안 연결 부위의 조임이 헐거워지거나 변형될 수 있기 때문이다. 특히 가스가 유입되는 시스템에서 누출이 발생하면 대형 사고로 이어지기 때문에 불활성가스나 물을 넣어서 아주 정밀하고 엄격하게 확인한다. 해양플랜트에서 가스누출은 상상할 수 있는 사고 중에서도 가장 위험한 사고다. 가스누출이 화재와 폭발로 이어질 수 있기 때문이다.

해양플랜트 시운전을 시작하자 여러 가지 크고 작은 문제점이 발견되기 시작했다. 어떤 프로젝트든 이렇게 실제 현장에서 운전을 시작하면 많은 문제점이 튀어나온다. 특히 해양플랜트에 사람들이 거주하기 시작하면 생활과 관련한 불편함이 드러난다. 이번에도 배수가 잘 안 되고 막히는 문제가 생겼다. 배수와 관련된 드레인시스템은 각종 폐수를 모아 폐수처리 패키지로 보내고, 각종 고체물질은 파쇄하는 등의 처리를 한 후 바다로 방출하거나 폐기물 저장탱크로 보낸다. 그런데 이러한 과정이 원활히 이뤄지지 않아 가장 아래층에 있는 화장실과 세탁실이 자주 넘친다는 것이었다. 폐수이송이 안 되는 것인지, 아니면 폐수처리 패키지가 문제인 것인지 확인해보기로 했다. 우선 현장에서 시스템을 조사했더니 폐수처리 패키지의 폐수 저장탱크에서 특이한 점이 발견됐다고 한다. 탱크 뚜껑을 열어보니 메론 크기의 구형 물체가 둥둥 떠다니는데, 이 정체불명의 물체가 폐수가 제대로 흘러나가지 못하도록 배관을 막고 있다는 것이었다. 성분을 분석해보니 식당에서 배출되는 식용유와 갖가지 찌꺼기가 한데 뭉쳐서 생긴 것이었다.

당장 플랜트에 사는 사람들의 생활에 지장이 있는 만큼 발주자는 당장 해결하라면서 우리 회사에 공식레터를 보냈다. 이런 문제가 생기면 항상 먼저 프로세스설계부서로 검토 요청이 들어오기 때문에 골치가 아프다.

늘 그렇듯 제일 먼저 설계도면을 검토했다. 프로세스설계의 P&ID뿐만 아니라 배관배치도까지 상세히 검토했는데, 열심히 찾아도 특이한 점을 발견하지 못했다. 아무리 봐도 방법이 없어서 다음으로 생활오수가 가장 많이 쏟아져 나오는 거주구 쪽 식당의 도면을 살펴봤다. 식당 쪽, 즉 거주구 쪽 도면은 선장설계부에서 담당하기에 사실 우리는 들여다볼 일이 별로 없는 도면이다. 담당자와 함께 도면을 검토하고 폐수처리 패키지를 제작하고 납품한 벤더업체까지 불러들여 관련된 자료들을 살펴봐도 도저히 답이 나오지 않았다. 그러다가 계약서류까지 검토하게 되었는데, 이때 비로소 원인을 발견했다. 폐수처리업체에서 설치하자고 제안했던 오일트랩을 설치하지 않은 것이다. 오일트랩은 그리스 트랩grease trap으로도 불리는데, 식당에서 배출되는 폐식용유를 걸러내는 일종의 탱크다. 폐수처리업체는 계약 전에 식당에서 쓰이는 오일은 별도로 처리하든지, 그대로 배출할 거면 이를 걸러내는 장치가 필요하다고 기술적 조언을 해줬는데, 우리는 큰 문제가 없을 것이라 생각하고 계약에 포함시키지 않은 것이다. 식당에서 식용

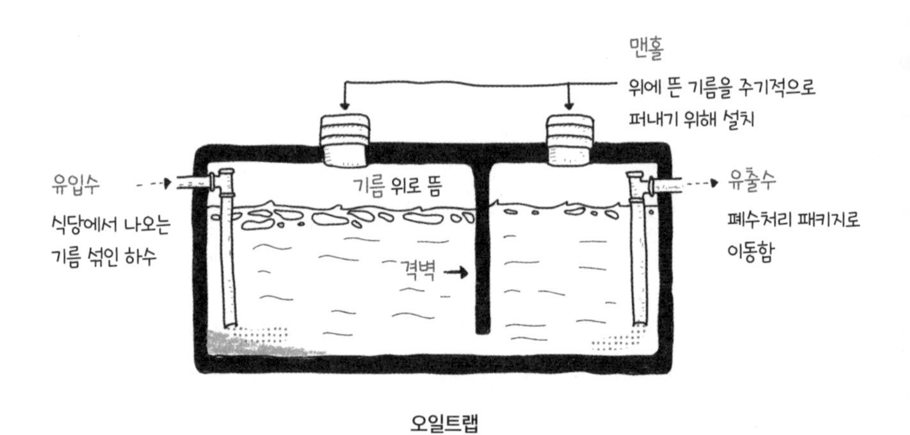

오일트랩

유를 별도로 처리했다면 문제가 없었겠지만 이를 그대로 배수구로 흘려버리다보니 결국 폐수 저장탱크 안에서 폐식용유가 각종 불순물과 결합해 덩어리가 되었다. 식당에 기름을 그냥 쏟아버리지 말라고 주의를 줄 수도 있지만, 거의 모든 음식에 식용유를 많이 쓰다보니 오일트랩은 반드시 있어야 했다.

당장 문제를 해결해야 하는 긴급한 상황에서 책임 소재를 두고 설왕설래하는 것은 불필요한 일이다. 오일트랩을 급히 발주해 설치하기로 했다. 육상에서였다면 2주면 해결됐겠지만, 해양플랜트까지 보내 설치하려면 한 달 반은 걸릴 것이다. 문제의 원인과 해결방안을 발주자에게 솔직하게 보고하고, 식당에는 오일트랩이 설치되기 전까지는 식용유를 별도로 엄격하게 자체 처리해야 한다고 요청하여 문제가 일단락됐다.

그렇게 드레인시스템 문제가 잘 해결되나 싶더니 비상발전기가 운전 도중 멈추거나 주변 바다에 오일이 둥둥 떠다니는 등 예상 못한 문제들이 계속 터져나왔다. 숨 돌릴 틈 없이 여러 부서와 논의하며 해결책을 찾아 이리저리 뛰어다니다 보니 어느덧 해양플랜트로 출발해야 할 날이 되었다.

여섯 달 만에 다시 만난 살라맛 플랜트

말레이시아 해양플랜트로 가려면 우선 육상플랜트가 있는 파카로 가야 한다. 플랜트의 분산제어시스템을 검수하기 위해 샤알람에 갔을 때와 마찬가지로 우리는 쿠알라룸푸르를 거쳐 파카로 향했다. 모든 시설의 건설이 끝난 파카에서는 이미 작업자들이 거주하며 별 탈 없이 업무를 수행하고 있었다. 최종 목적지인 해양플랜트까지는 헬기를 타고 이동한다. 플랜트로 이동할 헬기는 날씨에 대단히 민감하기 때문에 비바람이 조금만 불어도 운항하지 않는다. 그래서 헬기를 탈 수 있을 때까지 파카의 숙소에서 기다려야 했는데, 이번에는 다행히 날씨가 좋아서 도착하고 이틀 후 새벽에 바로 헬기를 타고 이동할 수 있었다.

내가 탄 헬기는 헬기를 운전하는 기장과 부기장, 그밖에 네 명이 더 탈 수 있는 6인승의 작은 헬기였다. 발주처와 다른 업체 사람들과 함께 각자 들고온 캐리어까지 실어야 해서 매우 좁았다. 헬기를 타니 얼마 전 받았던 해상 안전교육이 떠올랐다. 내부가 그때 탔던 모형헬기와 비슷했다. 헬기는 만약의 경우 재빠르게 탈출해야 하므로 안전벨트의 탈부착이 쉬워야 한다고 배웠는데, 실제 헬기를 보니 교육 때 들었던 대로 되어 있었다. 그렇게 헬기를 타고 한 시간 정도 이동하니, 멀리서 낯익은 해양플랜트의 모습이 보이기 시작했다. 야드에서 시원섭섭하게 떠나보냈던 살라맛 해양플랜트다. 해저 바닥에 설치된 재킷구조물 위에 안정적으로 설치되어 있었다. 내가 설계했는데도 막상 그 모습을 보니 실감이 안났다. 헬기는 해양플랜트의 헬리데크에 무사히 착륙했고, 우리도 짐과 함께 플랜트에 내려섰다. 우리가 내리자 몇 사람이 헬기에 올랐는데, 휴가나 복귀를 위해 나가는 사람들이었다. 헬기는 하루에 최대 세 번만 운행하므로 탑승순서를 기다려야 한다. 해양플랜트에서 나가면 짧아도 3주의 휴가가 기다리고 있으므로 탑승자들은 모두 행복한 얼굴이었다.

헬기에서 내린 우리는 안내에 따라 바로 거주구 건물에 있는 안전교육장으로 향했다. 해양에 설치된 플랜트다 보니 안전이 최우선이어서 제일 처음 하는 것이 안전교육이다. 이곳 해양플랜트에서 문제가 생기면 어떻게 탈출해야 하는지, 작업할 때 어떤 장구를 착용해야 하는지 등을 보여주는 동영상을 시청한 후 방을 배정받았다. 나와 함께 헬기를 타고 온 사람들과 마찬가지로 나도 우리 회사 사람들과 같은 방을 쓰게 되었다. 내가 묵을 방은 네 명이 함께 쓸 수 있는 도미토리 형식의 방이었다. 나는 우리 회사 시운전부 이상훈 기장님과 다른 작업자와 함께 한 방을 사용하게 되었다. 전기와 계장 쪽 시운전 책임자인 이상훈 기장님은 상당히 엄격한 분이라고 들었다.

방을 배치받은 후 거주구의 구조와 안전 관련 사항에 대한 추가설명까지 듣고 나니 세 시간 가까이 지났다. 이제 우리 회사 사람들을 만날 차례였다. 나를 맞이해준 사람은 시운전부 총책임자인 김건훈 부장님이었는데, 인상 좋고 실력도 훌륭해 평판이 높은 분이다. 김건훈 부장님은 플랜트의 이곳저곳을 직접 안내해주었다. 지금 플랜트의 주요 운영은 발주자가 맡아 하고 우리 회사는 각종 문제를 해결하는 보조역할을 하고 있기에 우리 직원 대부분은 메커니컬 워크숍Mechanical workshop이라는 일종의 기계작업실에서 일하거나 현장 곳곳에서 정비작업을 하고 있었다. 플랜트의 정상 가동을 눈앞에 두고는 있지만 여전히 손 볼 곳이 많았다.

앞으로 석 달 동안 이곳에서 내가 할 일은 주요 공정장치 운전에 대해 조언하고 문제점을 해결하는 것이다. 플랜트의 운전지휘권은 이미 발주자가 가져간 상태지만 플랜트의 설계사항을 속속들이 알고 있는 사람이 필요하기에 내가 대표로 지원을 온 것이다. 또 현장에서의 수리가 필요한 부분도 많아서 시운전부에서도 여러 명이 파견을 왔다. 플랜트에 와보니 발주처의 운전과 유지보수 총책임자가 데이비드 패터슨이었다. 스코틀랜드 출신으로 혹독한 북해에서 20년 이상 플랜트를 운전한 베테랑이긴 하지만, 프로젝트를 진행하는 몇 년 동안 우리와 여러 차례 부딪히며 너무 센 사람이라는 생각도 들었고 어떤 때는 이런 게 악연이구나 싶기도 했다. 그런데 현장에 와보니 이 사람의 성격이 이해가 됐다. 외딴 곳에서 가스를 생산하는 매우 위험한 일을 하기 때문에 이런 일의 총책임자는 매우 엄격하고 정신력이 강해야 한다.

내가 일할 곳은 제어실 바로 위에 있는 아담한 사무실이었고, 플랜트 운전에 문제가 생기면 바로 내려갈 수 있는 위치에 있었다. 함께 사무실을 쓸 김건훈 부장님이 여러 가지를 안내해주었다. 대략적인 업무세팅이 끝난 다음 제어실에 내려가보았다. 제어실에는 여러 대의 컴퓨터 모니터와 각종 버튼이 있는 패널 등 많은 장비가 설치되어 있었다. 이곳에서 컴퓨터 모니터로 각 공정의 상황을 실시간으로 파악하고 필요할 때 원격으로 장치나 밸브를 조절한다. 제어실에서의 조작은 플랜트 운전에 즉각적으로 영향을 미치기 때문에 제어설비를 전문적으로 다루는 발주처 운전원 말고는 조작이 엄격하게 금지되어 있다. 이곳저곳에서 알람소리가 계속 울려서 정신이 없었다. 플랜트의 공정상태가 계속 변하니 메시지도 끊임없이 생성되고 있었다. 운전원들은 이를 계속 모니터하면서 필요한 조치를 해야 하기 때문에 한시도 쉴 틈 없이 고단해 보였다. 플랜트 전체 현황에 대해 자세한 설명을 들어보니 다행히 큰 문제없이 원만하게 작동하고 있었다. 며칠 후 실제 가스를 유입시킬 예정이라서 이에 관해 상세한 설명을 듣고 몇 가지 사안에 대해 발주처와 논의했다.

이것저것 설명을 듣다 보니 어느덧 저녁식사 시간이 되었다. 이곳의 일과시간은 오전 6시에 시작해 오후 6시에 끝나 총 12시간이다. 평소라면 길게 느껴질 시간이지만, 이곳에서는 하루가 금방 지나간다. 샤워를 하고 저녁을 먹은 후 플랜트 안에 또 무엇이 있나 이곳저곳을 기웃거리며 구경하고 있는데, 갑자기 비상알람이 울리기 시작했다. 낮에 안전교육 시간에 들었던 비상훈련알람이었다. 이 알람이 울리면 모든 사람들이 다목적홀에 모여서 인원수를 체크하고 모의탈출훈련을 한다. 비상훈련알람임을 알기에 사람들이 실제 상황처럼 신속하게 움직이지는 않아도 출석체크는 제대로 해야 훈련이 끝난다. 몇몇 사람들은 샤워 중에 비상훈련알람을 들었는지 비누거품도 제대로 닦지 못하고 헐레벌떡 달려왔다. 이 훈련은 일주일에도 여러 번, 특히 일과 후 불시에 한다고 하는데 이를 통해 적절한 긴장상태를 유지하는 것이다.

해양플랜트에서의 첫 날은 비상훈련까지 하면서 무사히 지나갔다. 앞으로 가스유입 작업인 스타트업이 예정돼 있다. 프로젝트의 성패를 확인할 수 있는 첫 이벤트인 만큼 긴장감과 기대감이 공존하는 그런 밤이었다.

수억 년 만에 첫 만남, 스타트업

아무런 작동도 안 되던 플랜트의 전기를 살리고 물과 공기 시스템을 차근차근 가동시킨 지 두 달이 지나자 플랜트의 유틸리티 시스템은 완벽하게 살아났다. 이제는 플랜트에 가스를 유입할 차례다. 이를 스타트업이라고 부른다. 스타트업은 이곳에서 10킬로미터 정도 떨어진, 가스가 생산되는 마야 가스전의 중요 밸브들을 열면서 시작된다. 살라맛 플랜트 바로 밑에는 살라맛 가스전이 있지만 아직 드릴링이 진행되지 않아서 드릴링이 완료된 가스전부터 가스를 생산할 예정이다.

여기서 잠시 말레이시아 가스전 개발의 배경에 대해 이야기하자면, 발주자인 탑 E&P는 이곳 말레이시아 해역에서 가스전을 탐사한 결과 경제성 있는 가스전 두 곳을 발견했다. 그런데 둘은 서로 수십 킬로미터 떨어져 있었다. 두 곳 가운데 살라맛 가스전이 규모가 커서 그 위에 거대한 살라맛 해양플랜트를 설치하기로 하고, 상대적으로 규모가 작은 마야 가스전은 플랫폼 형태의 해양플랜트 대신 해저 생산시스템만 설치해 경제성을 맞추기로 했다. 마야 가스전의 해저 생산시스템은 가스를 뽑아내는 용도로만 쓰이고 따라올라오는 각종 불순물은 파이프라인을 통해 살라맛 플랜트로 이송한 후 처리하기로 했다. 살라맛 가스전은 살라맛 해양플랜트가 완벽하게 세팅을 마친 후에야 드릴링이 가능하기 때문에 이미 드릴링과 해저 생산시스템을 모두 설치해 놓은 마야 가스전으로부터 들어오는 가스로 가스유입 테스트를 한다. 멀리 떨어진 마야 가스전의 각종 밸브에서부터 살라맛 플랜트의 시스템까지 상당히 여러 과정을 복잡하게 거쳐야 하므로 작은 실수가 큰 손실로 이어질 수밖에 없어 데이비드 패터슨 같은 관리자들은 매우 엄격하고 예민하게 모든 상황을 검토하고 관리한다.

드디어 고대하던 가스유입 테스트가 시작됐다. 긴장 속에서 멀리 떨어진 가스전에 설치된 밸브를 원격으로 열고 후단 압력을 모니터하기 시작했다. 압력수치가 서서히 올라가는 것으로 가스가 제대로 나오고 있음을 알 수 있었다. 그렇게 몇 시간이나 흘렀을까, 우리가 예측했던 시간에 가스가 살라맛 플랜트 바로 밑 파이프라인까지 차 있음을 확인했다. 이제는 가스·오일 분리시스템으로 가스가 유입될 차례다.

마찬가지로 밸브를 하나씩 열기 시작했다. 가스·오일 분리시스템 현장의 작업자와 워키토키로 교신하면서 제어실의 원격조정이 제대로 적용되고 있는지 면밀하게 체크했다. 밸브를 하나씩 열기만 하는 단순한 작업이지만, 가스가 처음으로 실제 플랜트시스템에 유입되는 순간이므로 모두가 숨을 죽이고 있었다. 만약 가스가 누출되기라도 하면 모두 비워내고 모든 절차를 처음부터 다시 진행해야 한다. 상상도 하기 싫은 일이다. 다행스럽게도 아무

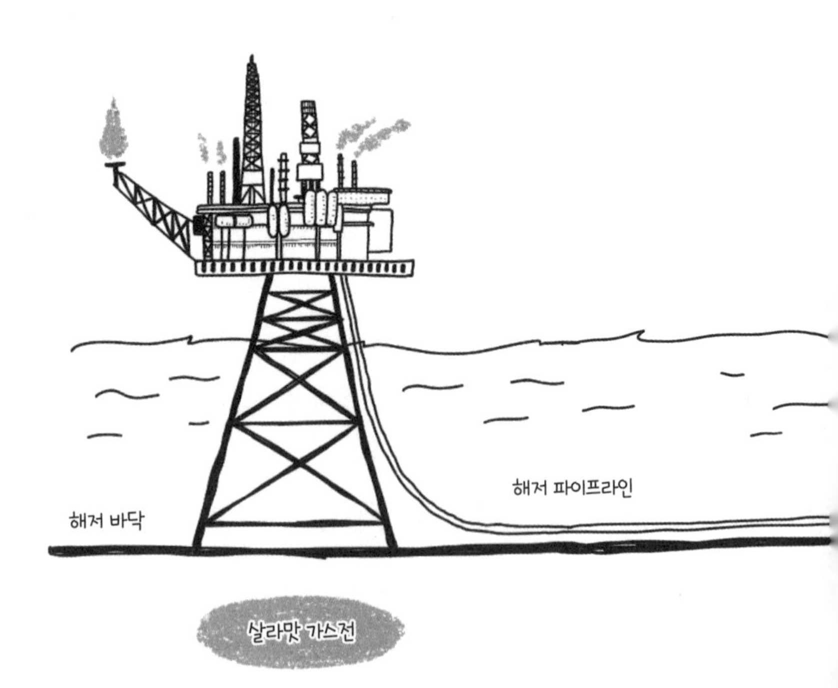

문제없이 가스·오일 분리탱크의 압력이 정상적으로 올라가기 시작했다. 스타트업은 성공이었다.

이 테스트는 가스가 가스전으로부터 이곳 플랜트까지 제대로 도착하는지 확인하는 것이 주요 목적이고 분리시스템 다음 단계에 있는 건조시스템과 압축시스템은 아직 준비되지 않은 상태라서 다음으로 넘어가지 않고 가스를 태워버려야 한다. 플랜트로 들어오는 가스를 거꾸로 해저 가스전으로 돌려보내지는 못하기 때

살라맛 가스전과 마야 가스전

문이다. 우리는 가스가 유입되면서 점점 높아지는 탱크의 압력을 적절히 유지하기 위해 압력방출 제어밸브를 열었다. 가스는 압력방출 제어밸브를 통해 탱크에서 빠져나가 플레어시스템의 배관과 타워를 타고올라가 불꽃으로 타오르기 시작한다. 이러한 배관 내부의 과정은 눈으로는 확인할 수 없고 최종 단계인 플레어의 불꽃으로 확인한다.

조마조마해 하며 CCTV로 플레어타워를 뚫어져라 쳐다보는데, 갑자기 불꽃이 활활 타오르기 시작했다. 영화에서나 보았던 장면을 실제로 보게 되다니. 해저 깊숙한 곳에 아주 오랫동안 묻혀 있

오랫동안 해저에 묻혀 있던 가스가 플레어타워에 불꽃으로 타오르고 있다

던 가스가 바닷속을 나와 불타오르고 있었다. 예상하지 못한 짜릿함을 느꼈다. 첫 가스유입의 성공을 기념해 작은 파티가 열렸다. 원래 해양플랜트 내에서 음주는 엄격하게 금지되어 있지만, 이날만큼은 축제 분위기였고 저녁식사 시간에 취하지 않을 정도로 한 사람 앞에 두 병씩 맥주가 돌아갔다.

스타트업은 앞으로 수십 년간 운영될 플랜트가 긴 시간 해저에 묻혀 있던 가스를 받아들이며 기지개를 켜는 작업이기에 그 의미는 무엇과도 비교할 수 없을 정도로 크다. 플레어타워에서 첫 불꽃이 솟아오르는 순간이 플랜트가 앞으로 몇 십 년 동안 써내려갈 역사가 시작되는 순간이다. 하지만 이제 절반 정도 왔을 뿐이다. 앞으로는 실제로 사용할 수 있는 품질의 천연가스를 만드는 여러 후속 장치들을 하나씩 살려야 한다. 수많은 장치를 거쳐 모든 불순물을 제거한 가스는 압축까지 해서 내보내는데, 역시 수월한 작업은 아니므로 앞으로도 계속 긴장을 늦출 수는 없었다.

비상! 가스 누출

해양플랜트에서의 일상은 매일이 비슷하다. 크게 힘든 업무는 없지만 휴일이 없다는 점은 힘들었다. 평일에는 근무하고 휴일에는 쉬었던 평소의 근무방식이 그리웠다. 해양플랜트에서는 보통 3주간 근무하고 3주간 휴가를 가는 교대근무를 한다. 여기서 생활해보기 전에는 돈도 많이 받고 휴가도 많으니 괜찮은 근무조건이 아닌가 생각했는데, 몇 년 동안 이렇게 생활해야 한다면 이야기가 달라진다. 아마 계속 이 일을 해야 할지 말아야 할지 고민이 끊이지 않을 것이다.

가스유입 스타트업을 성공적으로 마치고 얼마 후 후단시스템을 살리는 작업을 한창 진행하고 있는데, 평소와는 다른 알람이 울리기 시작했다. 비상훈련 때 울렸던 알람과는 전혀 다른 소리였다. 위이잉, 위이잉. 이곳에 도착한 날 교육시간에 들었던, 실제 비상일 때 울리는 알람이었다. 곧바로 다목적홀로 뛰어갔다. 역시 예상대로 훈련이 아닌 실제 상황이었다. 평소와는 다르게 전기가 거의 끊겨서 플랜트 안은 상당히 어두웠고, 다목적홀에 모인 사람들 앞에서는 총책임자인 데이비드 패터슨이 현재 상황을 브리핑하고 있었다. 다른 이들도 처음 겪는 일이었는지 바짝 긴장한 채 한 명 한 명 출석체크를 했다.

데이비드의 브리핑에 따르면 한 구역에서 가스누출이 감지되었고 지금 그 원인을 파악하는 중이었다. 가스가 누출되면 플랜트의 안전을 위해 모든 공정시스템의 가동을 중단하고 플랜트 내부에 차 있던 유체 전부를 방출한다. 이러한 비상조치 시에는 플레어타워에서 나오는 불꽃의 길이가 100미터에 이를 정도로 엄청나게 길어진다. 나는 거주구에 있었기 때문에 몰랐는데, 이번에도 상황이 발생하자마자 비상조치가 이루어져 불꽃이 100미터 이상 뿜어져나왔다고 한다. 모두들 그동안 비상훈련을 성실히 수행했던 터라 실제 상황에도 당황하지 않고 비상조치를 제대로 수행하여 큰 문제없이 잘 마무리되었다. 실제로 비상상황을 겪어보니 해양플랜트 생활에서의 안전이 더 이상 추상적인 개념이 아니라 현실로 다가왔다.

조사결과 발전기에 가스를 공급하는 배관의 체결 부위가 느슨해져서 아주 미량의 가스가 방출된 그야말로 해프닝이었다. 그러나 가스누출은 그 어떤 사고보다 엄격한 조치가 필요하므로 아무리 미량의 가스누출이라도 다소 요란스러울 정도로 안전조치가 이루어진다. 덕분에 실제 상황을 경험하고 대처해볼 수 있는 기회가 되기도 했다.

이걸로 끝났으면 좋으련만 제법 큰 사고가 또 터졌다. 해저의 가스생산 시설에서 플랜트로 가스를 다시 유입하던 중 발생한 문제인데, 해저 파이프라인과 플랜트 사이에 설치된 차단밸브의 내부가 새는 현상이 발생한 것이다. 천만다행으로 가스가 밖으로 새지는 않았지만 내부에서 밸브가 제대로 작동하지 않으면 잠재적으로는 큰 문제가 될 수 있다. 더욱이 밸브가 확실히 잠겼음에도 불구하고 가스가 샌다면 플랜트 운전 전체를 놓고 볼 때도 심각한 문제다. 볼밸브 타입의 이 차단밸브는 굉장히 신뢰도가 높고, 육상에서 테스트할 때도 아무런 문제가 없던 장치다. 이 상태로는 정상적으로 가스를 생산할 수 없었다. 하지만 그렇다고 내부를 정밀하게 조사한다고 당장 밸브를 들어내서 육상의 밸브업체로 가져가기에는 시간이 너무 오래 걸릴 것이고, 적당한 조치방법을 찾아야 했다. 발주처와 우리 회사는 설계에서 문제의 원인을 찾으려고 도면을 꼼꼼히 살폈다. 하지만 문서로는 도저히 찾아낼 수가 없어서 실제 현장을 살펴보기로 했다. 우리는 이곳에서 할 수 있을 정도로만 간단하게 밸브를 해체해보았다.

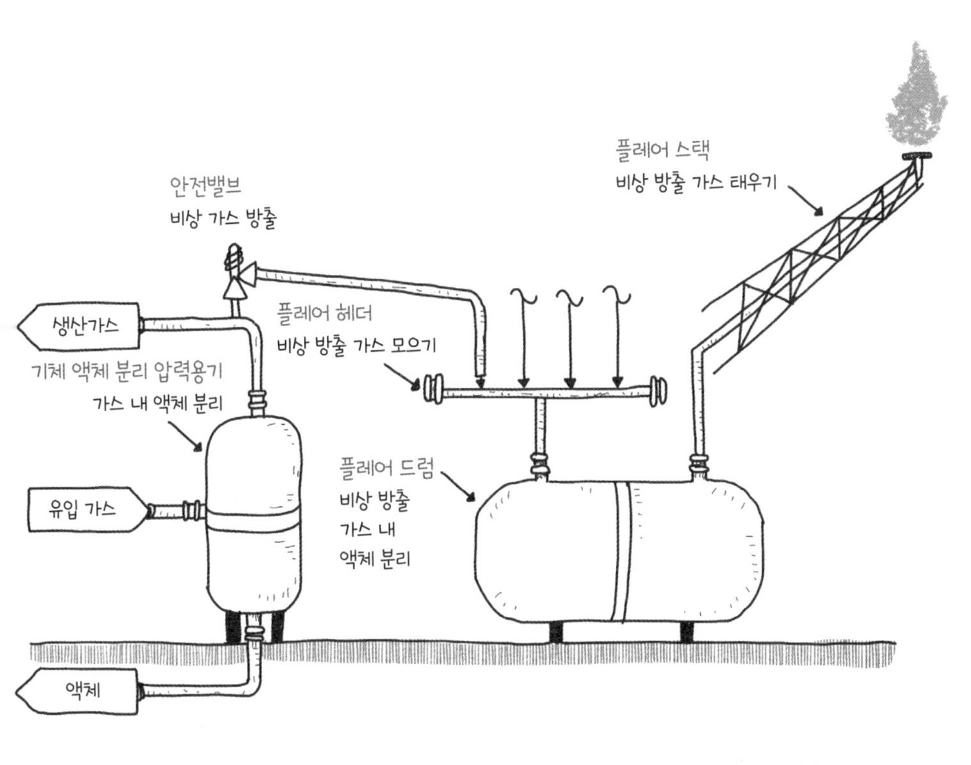

압력용기의 압력이 비이상적으로 높아지면 이를 방출해야 한다. 위험범위까지 압력이 올라가면 안전밸브는 자동으로 열린다. 이를 통해 방출되는 가스는 플레어 헤더, 플레어 드럼, 플레어 스택을 차례로 통과하고, 결국 불타오르며 사라진다.

문제의 밸브는 지름이 10인치 정도로 상당히 큰 밸브였다. 이 밸브 앞뒤에 있는 또 다른 밸브들은 정상적으로 가스를 차단하고 있음을 확인한 후 우리 회사의 배관 시운전 담당자 중 실력자 두 명이 밸브를 해체하기 시작했다. 한 시간 정도 지나니 밸브의 내부를 살필 수 있었다. 밸브 안은 진흙 범벅이었다. 설치된 지 얼마

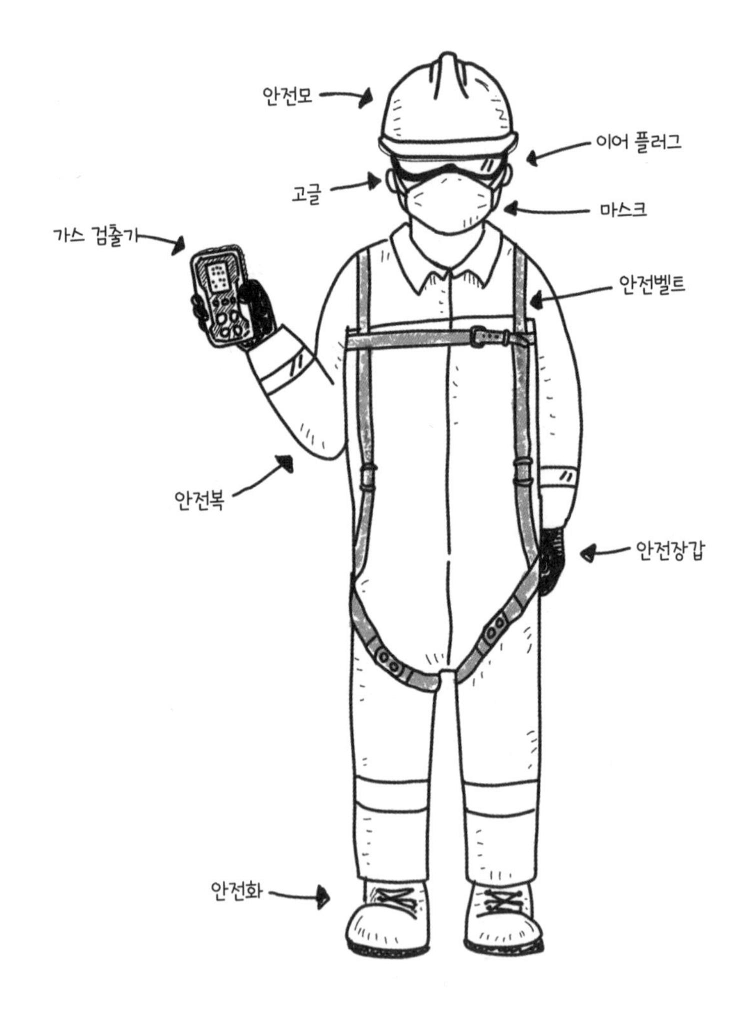

현장에서 작업하려면 반드시 안전장비를 제대로 갖춰야 한다

안 된 새 밸브임에도 불구하고 해저에 설치된 파이프라인으로부터 흘러들어온 온갖 불순물이 밸브 내 볼 사이에 잔뜩 끼어 있었다. 해저 파이프라인은 해양플랜트가 설치되기 전에 바닷속에 설치되는데, 가스유입이 시작되면서 그동안 파이프라인에 쌓여 있던 각종 불순물과 모래가 한꺼번에 플랜트로 올라와 볼밸브 내부에 잔뜩 껴버린 것이다. 우리는 한 시간에 걸쳐 볼밸브 내부를 세척한 후 다시 밸브를 체결하고 유출테스트를 진행했다. 밸브의 차단상태 확인을 위한 10분간의 테스트에서는 다행스럽게도 새는 현상이 없었다. 현장에서 이렇게 쉽게 해결책을 찾는 경우는 흔치 않은데, 모두가 합심하기도 했지만 운도 좋았다.

이밖에도 여러 번의 비상상황을 겪고 해결하면서 살라맛 해양플랜트는 서서히 안정을 찾아갔다. 설계할 때부터 허점이 없도록 정말 많은 노력을 기울였지만, 역시 운전을 시작하면 무슨 일이 생길지 모른다. 상상했던 것 이상으로 불확실한 일들이 많이 발생했고, 해결하기 위해 부단히 노력했다. 지금까지 유틸리티시스템과 가스유입시스템은 안정성을 확인했다. 앞으로 건조와 압축시스템만 잘 구동된다면 이곳에서의 일은 대부분 끝난다. 최종 생산된 가스를 싱가포르로 수출할 날이 얼마 남지 않았다.

나의 노력을 증명하는 불꽃이 타오른다

크고 작은 비상상황이 발생했지만, 가스유입과 함께 성공적으로 스타트업을 마친 후 후속 시스템의 안정화도 순탄하게 진행됐다. 가스유입이 성공적으로 이루어져도 가스를 수출하려면 불순물 제거와 가압 등 여러 과정을 거쳐야 하므로 이제부터는 여기에 주력하여 시스템 안정화작업을 진행한다. 후속 시스템들을 동시에 스타트업할 수가 없으니 이 작업은 며칠씩 걸린다.

해저 가스전을 출발해 파이프라인을 타고 해양플랜트로 올라오는 가스에는 물, 컨덴세이트라는 경질 오일, 모래 등 온갖 불순물이 섞여 있다. 살라맛 플랜트는 가스생산을 위한 플랜트이므로 다양한 처리 시스템을 통해 가스의 불순물을 제거한다. 특히 가정에서 사용하는 가스는 극건조 과정이 필요하다. 극건조 과정은 줄톰슨 효과를 활용한 시스템에서 이루어지는데, 냉장고나 에어컨에도 줄 톰슨 효과가 적용된다. 간단히 설명하면 이렇다. 고압 천연가스의 압력을 갑자기 낮춰 온도를 급격히 떨어뜨리면 천연가스 혼합물 중에서 프로판가스나 부탄가스 같은 무거운 성분이 액체가 되어 분리된다. 가정에서 쓰려면 이러한 무거운 성분은 일정 수준까지 제거해야 하므로 극건조는 꼭 필요한 과정이다. 그러나 문제가 있다. 이 과정을 거친 가스는 압력이 매우 낮아져 수백 킬로미터 떨어진 싱가포르까지 가스를 이송할 수가 없다. 그래서 가스의 압력을 다시 높여주어야 하는데, 이때 필요한 것이 가스압축시스템이다. 이 시스템을 거치면서 다시 압력이 높아진 가스는 비로소 파이프라인을 타고 수요처에 공급된다.

극건조시스템은 안정화하는 데 시간이 걸린다. 가스를 계속 태우면서 원하는 품질에 도달하는지 모니터하며 진행하기 때문이다. 설계 때 시뮬레이션했던 때와 비슷한 수치로 압력을 낮추니 온도도 예상한 대로 낮아지기 시작했다. 이론에 맞춰 계산했던 결과가 실제 플랜트에서도 큰 차이없이 나타나는 것을 보면서 경이로움마저 느꼈다. 그렇게 사흘쯤 지나자 극건조시스템이 완벽하게 작동했다. 이제 가스압축시스템을 구동할 차례다.

가스압축시스템은 거대하고 복잡한데다가 움직이는 회전기계라서 상당히 민감하고 까다롭다. 플랜트에서는 회전처럼 실제로 움직이는 장치에 문제가 많이 생긴다. 가스압축시스템도 고장

날 가능성이 높기 때문에 이 시스템을 제작하고 납품한 벤더업체의 전문가들이 해양플랜트에 상주하다가 문제가 생기면 즉각 조치한다. 아직 압축기 자체에 문제는 없지만, 앞으로도 안정적으로 운전하려면 제어시스템 쪽의 튜닝이 필요했다. 압축기 전·후단에는 각종 자동밸브가 설치되어 있고, 압축기 모터도 제어시스템에 연결되어 있다. 이들의 성능을 동시다발적으로 측정하고, 열고 닫을 때의 속도나 모터의 속도를 정하는 등 세팅값을 조정했다. 예를 들어 정해진 가스유량에서 압축이 너무 과하면 모터를 덜 돌아가게끔 하는 식으로 조치를 하는 것이다. 압축시스템을 정상적으로 구동시키는 데에는 사흘이 걸렸다.

이 작업이 끝나자 드디어 정상적으로 가스를 생산해 수요처로 이송하기 시작했다. 플랜트 생산가능량의 100퍼센트는 아니지만, 드디어 플랜트 전체가 안정화됐다는 신호탄을 쏘아올린 것이다. 살라맛 플랜트는 앞으로 수십 년 동안 가스를 생산해 공급하고, 이 가스는 사람들에게 유용하게 쓰일 것이다. 감개무량한 순간이었다.

이로써 우리 회사의 역할은 대부분 끝났다. 플랜트의 성능을 100퍼센트까지 끌어올리려면 앞으로도 시간이 필요하다. 공식적으로 계약종료가 결정되기까지 마지막 성능보장시험이 기다리고 있다. 플랜트가 완벽하게 안정되고 최대 생산량을 내기까지

6개월이 넘게 걸리기 때문에 일단은 철수하고 성능보장시험 때 다시 방문하여 발주자와 함께 하나하나 검토하면 된다.

3개월 동안의 파견근무가 끝났다. 휴일이 없는 매일 똑같은 일상이 이렇게나 힘들지 몰랐지만, 설계 엔지니어로서는 하기 힘든 매우 귀중한 경험을 했다. 특히 시운전부 사람들과 함께 일하며 현장 엔지니어의 고충을 알게 된 것이 큰 소득이었다. 회사에 입사한 지 몇 년이나 지났어도 문서나 도면만 다루니 현장감이 떨어져 불만이 있었는데, 이제 플랜트 엔지니어링 전체를 꿰뚫었다는 자신감을 얻게 되었다. 파리에 처음 파견갔을 때만 해도 실력도 부족한데 언어까지 되지 않아 좌절을 많이 했다. 그러던 내가 어느 순간 스스로도 만족할 수준에 이른 것이다. 그동안 많은 것을 보았고, 많은 사람들을 만났고, 많은 문제점을 해결하며 자연스럽게 성장한 것이리라.

해양플랜트의 헬리데크를 떠나 육상으로 돌아가는 헬기 안에서 불타오르는 플레어타워를 보이지 않을 때까지 바라봤다. 나의 노력이 헛되지 않았음을 증명하는 불꽃이었다. 그 무엇이 나에게 이런 뿌듯함과 감동을 안겨줄 수 있을까.

골치 아픈 새 프로젝트

해양플랜트의 스타트업 운전을 지원하고 돌아온 후 몇 가지 소소한 요청이 들어온 것 말고는 별 탈 없이 가스가 생산되고 있었다. 설계문서의 '최종 문서 패키지'인 파이널 도시어도 발주자에게 잘 전달되었다. 이제 우리 설계부는 다른 공사를 수행하는 한편 신규 프로젝트 수주를 위한 견적작업에 집중했다. 나도 살라맛 프로젝트의 마무리를 지원하는 동시에 입찰이 나온 아랍에미리트 공사의 설계 쪽을 지원했다.

이 프로젝트는 우리 회사가 이미 예전에 한 차례 입찰받아 공사를 수행한 적이 있는 아랍에미리트의 국영 가스회사가 발주한 공사로, 이전 공사가 성공적이어서 우리 회사가 수주에 유리했다. 영업부로부터 입찰준비 지침이 내려왔고, 우리는 본격적으로 입찰준비에 들어갔다. 이 프로젝트는 우리가 입찰설계를 진행했던 살라맛 프로젝트와는 달리 발주자가 보내온 입찰설계물이 이미 준비되어 있었다. 입찰설계물은 수많은 계약문서, MTR 같은 기술적으로 반영해야 하는 요구조건, 각 설계의 다양한 문서와 도면으로 이루어져 있었다. 입찰을 준비할 때 프로세스설계팀에서는 모든 요구조건을 검토하여 다른 부서가 물량을 산출할 때 기준이 되는 정보를 마련해야 한다.

그런데 입찰설계물을 검토해보니 발주자가 입찰설계를 위해 고용했던 설계회사에서 작성한 도면의 질이 너무 떨어졌다. 이를 그대로 믿고 견적금액을 산출하면 큰 피해를 보겠다는 생각이 들었다. 보통 일괄도급방식으로 진행되는 프로젝트에서 입찰준비를 제대로 하지 않고 발주자가 제공하는 설계물만 보다가는 우리 같은 계약자는 큰 피해를 입을 수 있다. 설계물의 질이 떨어지면 누락되는 사항이 많기 때문에 현실적이지 않은 낮은 금액이 산출되기도 하고, 설계물의 질이 낮지 않다 해도 발주자가 별도로 제공하는 계약서류에 많은 요구사항이 숨어 있을 수 있다. 사전에 이런 사항을 발견하지 못하면 공사하는 내내 논쟁에 시달리다가 결국에는 추가비용도 보상받지 못하고 큰 손해를 보는 경우가 많다. 이 프로젝트는 규모도 일반 해양플랜트 4~5개 수준으로 상당히 커서 리스크도 커보였다.

우리는 다른 부서에 보낼 기준정보를 만들기 위해 P&ID를 살펐다. 보통 기준정보는 P&ID를 분석해 마련한다. 그런데 이 프로젝트의 P&ID는 품질이 정말 형편없었다. 그러면서 다른 계약서류에는 이것저것 요구하는 것도 많았다. 잘못했다가는 우리가 다 뒤집어쓸 것 같았다. 입찰설계를 꼼꼼하게 진행했던 살라맛 프로젝트 때조차 계약분쟁이 있었는데, 이대로 이 공사를 진행했다가는 살라맛 때와는 비교할 수도 없을 정도로 분쟁에 휘말릴 것 같았다. 더구나 두 달이라는 짧은 기간 안에 입찰을 위한 플랜트 가격을 뽑아내야 하므로 검토작업 자체도 매우 힘들 것이다.

상황이 어찌되었든 빨리 일을 처리해야 했으므로 우리 팀 모두 프로젝트 입찰설계물 검토에 착수했다. 각자 담당할 시스템을 나누었고, 김채진 부장님은 주요 계약서류를 살펴보며 P&ID에서 빠져 있는 사항 위주로 검토를 시작했다. 나는 프로세스시스템의 P&ID를 맡아 상세하게 검토했는데, 상세하게 들여다보니 더욱 가관이었다. P&ID에는 밸브가 하나만 설치되어 있는 경우가 많은데, 다른 계약서류에는 두 개씩 설치해야 한다고 짤막하게 쓰여 있었다. '가스생산시스템에는 이중 차단밸브가 설치되어야 한다Double block valve shall be applied on the gas production system.' 계약서류에 써 있는 이 짧은 문구 하나가 P&ID보다도 우선하는 계약조건이기 때문에 공사가 진행되면 반드시 반영해야 한다. 다른 조건은 제대로 파악하지 않은 채 P&ID만 보고 물량을 산출하면 수백 개의 밸브가 누락될 것이고, 누락된 채 산출된 금액으로 수주했다가는 나중에 공사를 진행할 때 추가비용은 받지도 못하고 수백 개의 밸브를 구매해 설치해야 한다. 이렇게 서로 안 맞는 부분이 너무 많아서 온 신경을 집중해 검토하고 꼼꼼하게 P&ID를 업데이트해야 했다.

일치하지 않는 내용 중 중요한 사항과 당장 반영이 어렵거나 의문나는 사항은 별도로 정리해 발주자에게 보냈다. 이를 FEED Front End Engineering Design 검증이라고 한다. FEED검증을 요청하면 이를 받은 발주처와 함께 협의하게 되는데, 그 결과는 계약서의 일부로 남기 때문에 프로젝트를 계약한 다음에도 분쟁을 줄일 수 있다. 우리나라의 EPC회사들이 최근 플랜트 공사에서 대규모 적자를 내는 경우가 많았는데, 많은 경우가 FEED검증이 미비해서였다.

그렇지만 몇 개월밖에 안 되는 입찰기간 동안 그 수많은 문서와 도면을 일일이 검토해서 문제점을 발견하는 것은 쉬운 일이 아니다. 특히 다른 프로젝트를 한창 수행하고 있는 중에 입찰준비를 하기 때문에 제대로 된 FEED검증이 쉽지 않다. 또한 이 작업은 프로젝트에 대해 많은 지식과 경험이 있는 사람이 해야 하는데, 이 일을 전담할 전문가가 많지 않으므로 현실적으로 어려운 일이다.

그렇게 정신없이 각자의 P&ID를 업데이트한 다음 배관과 전계장 등 다른 설계부서에서 물량을 산정할 수 있도록 전달했다. 우리는 나름대로 꼼꼼하게 P&ID를 업데이트하고 FEED검증 작업에 공을 들였지만, 그동안 진행했던 어느 공사와 비교해도 P&ID와 다른 계약서류 사이의 불일치사항이 많았고, 모든 함정을 찾아냈다고 하기에는 자신이 없어서 수주가 돼도 걱정스러운 상황이었다.

유가 대폭락에 대처하는 플랜트 엔지니어의 자세

2014년 중반부터 미국에서 셰일가스와 셰일오일의 개발과 생산이 폭발적으로 늘어남에 따라 공급과잉의 우려로 국제유가가 계속 떨어지고 있다. 셰일가스란 넓게 퍼져 있는 셰일층에 묻혀 있는 천연가스다. 과거에는 경제성이 없어서 개발하지 않고 있다가 최근 채굴기술이 발달하여 본격적으로 상용화되었다. 최신 채굴기술이란 수평드릴링법과 수압파쇄법을 말한다. 예전에는 수직으로만 땅을 팔 수 있어서 모여 있는 오일이나 가스만 채굴할 수 있었다면, 이제는 수평으로 자유자재로 드릴링할 수 있는 수평드릴링법을 활용하여 넓게 퍼져 있는 셰일층의 가스와 오일을 퍼낸다. 수압파쇄법은 수평으로 드릴링을 하고 배관을 삽입한 후 배관 안에 폭약으로 작은 구멍을 만든 뒤 고압의 물을 쏴서 셰일층에 균열을 일으키는 방법이다. 역시 셰일가스와 셰일오일의 생산을 증대할 수 있는 핵심 기술이다. 기술이 발전하여 그간 생산하지 못했던 셰일가스와 셰일오일이 시장에 쏟아져나오니 국제유가의 불안이 고조되는 것이다.

원유와 가스를 생산하는 해양플랜트를 건설하는 우리 회사는 유가폭락과 더욱 직접적인 연관이 있다. 원래 해양플랜트는 유가가 1배럴당 50~60달러 이상은 되어야 사업성이 있기에 요즘처

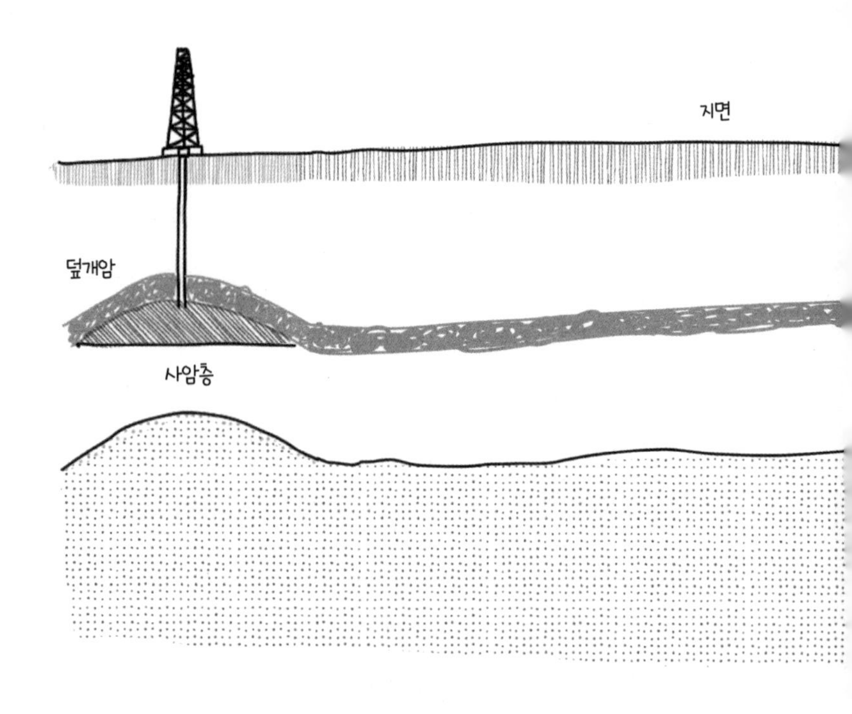

전통적인 가스와 오일 생산

럼 낮은 유가가 장기간 지속된다면 프로젝트 발주 자체가 나오지 않는다. 심하면 사업을 접어야 할 지경까지 이를 수 있다. 특히 우리 회사가 주력해서 기술개발을 추진해오던 심해저의 부유식 해양플랜트는 유가가 1배럴당 100달러 이상은 되어야 하기 때문에 회사 경영진들의 고민이 날로 커지고 있다. 당장 진행하고 있는 아랍에미리트 프로젝트는 생산되는 가스의 수요처가 이미 정

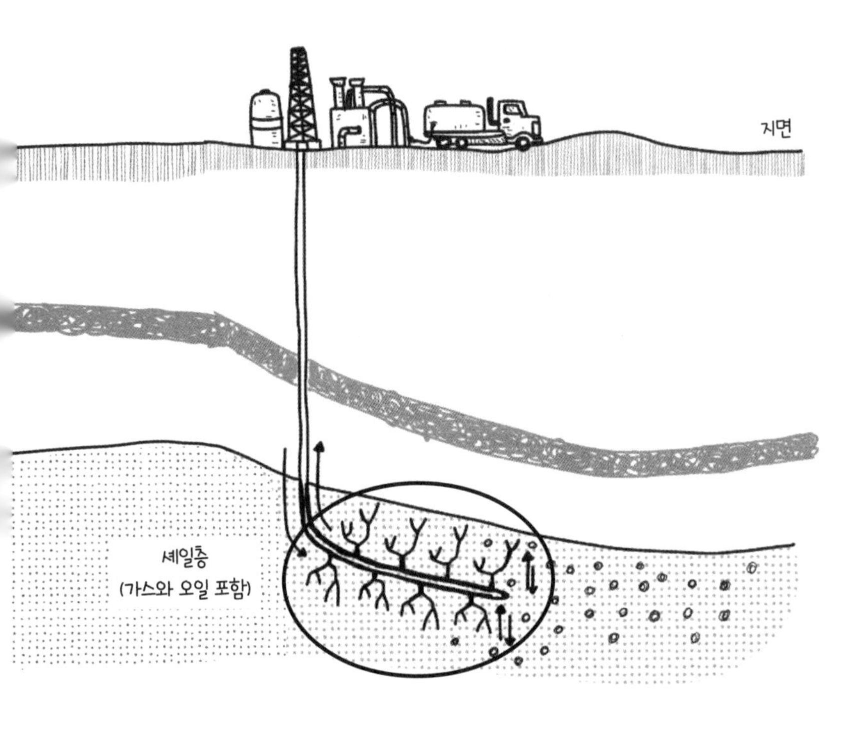

수압파쇄법, 수평드릴링법을 이용한 셰일가스와 셰일오일 생산

해져 있어서 별 영향 없이 그대로 진행될 것이라고 하지만 오일을 채굴하는 대부분의 오일 메이저들은 프로젝트 계획을 하나둘씩 보류하고 있다고 한다. 지금 우리 야드는 진행 중인 각종 해양플랜트로 가득 차 있지만 잘못되면 텅텅 빌 수도 있다.

2014년을 기점으로 폭락한 유가에 대해서는 여러 전문가들의 의견이 분분하다. 이미 여러 번 있었던 유가폭락 때와 같이 일시적인 현상이고 금방 회복될 것이라는 의견과 산업혁명과 같이 패러다임을 바꿀 만한 기술이 등장하여 저유가가 장기적으로 지속될 것이라는 의견, 이렇게 크게 둘로 나뉜다. 엔지니어로서 기술적으로만 보면 후자의 의견에 좀더 공감이 된다. 산업혁명이 노동시장의 패러다임을 바꿨듯이 셰일혁명 또한 그렇게 될 가능성이 높다. 그렇게 된다면 해양플랜트 시장의 전망을 좋게 볼 수는 없다.

개인적인 경력에 있어서도 걱정이다. 신입사원 시절부터 '회사가 내일 당장 망하더라도 홀로서기 할 수 있을 정도로 강해져야 한다'라는 신조를 가지고 화공기술사 같은 전문 자격증을 취득하며 경력을 철저하게 쌓아왔기에 두려울 것도 없고, 자신감도 있다. 플랜트 설계기술은 해양플랜트뿐만 아니라 석유화학, 반도체 등 다양한 분야에서 활용되기 때문이다. 하지만 해양플랜트 설계 엔지니어부터 시작하여 나중에는 프로젝트 매니저와 프로젝트 컨설턴트를 꿈꾸고 있기에 패러다임을 뒤집을 만한 혁명이 일어날지도 모른다고 생각하면 착잡한 마음이 드는 것도 사실이다. 세상이 바뀌고 기술이 발전함에 따라 특정 산업분야의 부침은 피할 수 없다. 이런 때일수록 기초체력이 튼튼해야 한다. 지금 플랜트 엔지니어가 할 수 있는 일은 변화하는 시대의 흐름에 맞춰 자신의 능력을 쌓아가는 것, 바로 그것이다.

리드 엔지니어로서 시작하는 새로운 프로젝트

열심히 준비했던 아랍에미리트 공사에 입찰한 지 두 달이 지났다. 예상했던 대로 우리가 가장 낮은 가격으로 입찰해 수주에 성공했다. 낙찰금액이 살라맛 프로젝트의 세 배나 될 정도로 대단히 큰 규모의 공사다. 다만 유가가 하락하고 있는 상황에서 공격적으로 입찰하다 보니 이윤을 남기기 어려운 가격으로 수주한 까닭에 앞으로 난관이 예상되었다.

더군다나 이 프로젝트는 신규 해양플랜트 건설과 동시에 기존 설비를 업그레이드하는 브라운필드brownfield 업무까지 혼합되어 있어 더욱 힘들 것 같았다. EPC 분야에서는 플랜트를 신규로 건설하면 그린필드greenfield, 기존의 플랜트를 업그레이드하거나 수정하면 브라운필드 영역이라고 하는데, 이번 프로젝트는 이 둘이 혼합된 대형 프로젝트다. 브라운필드 공사는 원래 있던 노후 플랜트를 수정하는 것이기 때문에 업그레이드를 하더라도 성능이 제대로 나올지 알 수가 없다. 수년 전에 설치돼 한창 운전 중인 플랜트를 전면 재검토하고 수정해야 하며 여러 가지 복잡한 절차와 규칙을 따라야 해서 정말 까다로운 부분이 많다.

이번 프로젝트는 가스의 생산만을 담당하는 가스생산 플랜트, 생산된 가스를 처리하는 가스처리 플랜트, 전기를 생산하는 전기생산 플랜트, 사람이 거주하는 거주플랜트 등 다양한 해양플랜트로 구성되어 있다. 이중에서 나는 입찰설계 때 담당했던 가스생산 플랜트의 공정설계를 책임지는 리드 엔지니어 역할을 맡게 되었다. 불행히도 대부분이 브라운필드 성격이었기에 앞으로 고생이 훤해 보였다.

리드 프로세스 엔지니어는 프로젝트의 주요 일정에 따라 계획을 세우고 각 설계성과물을 책임지는 역할을 한다. 도면이나 문서의 직접적인 작성은 후배들이 담당하고 나는 검토와 코멘트 위주로 업무를 진행할 것이다. 그런데 이 업무만 하는 것이 아니다. 더 중요한 업무가 있는데, 바로 발주자를 상대하는 것과 각종 레터나 TQ(기술 문의서) 같은 교신문서를 작성하는 것이다. 특히나 이 프로젝트는 발주자의 입찰서류와 계약서류의 요구조건이 불일치하는 경우가 많아서 이를 조정하기 위한 레터를 얼마나 많이 작성해야 할지 걱정스러울 정도였다.

앞서도 이야기했지만 입찰금액의 근거가 되는 P&ID 도면이 요구하지 않던 사항을 다른 설계문서에서는 요구하는 경우가 많아서 골치가 아팠다. 그런데 발주자는 벌써부터 요구조건이 불일치한 사항에 대해 무조건 좋은 것, 더 고급스런 재질과 장치를 도면에 반영하라고 요구하고 있었다. 이 요구를 다 들어줄 수는 없다. 타당한 이유를 들어 방어해야 한다.

사실 플랜트 엔지니어링은 최소의 비용으로 최대의 효과를 얻어내는 것이 기본이므로 기술적으로 꼭 필요한 경우가 아니면 합리적인 선에서 보다 저렴한 재질을 적용한다. 검토할 능력이 부족해서 발주자를 설득하지 못하고 요구하는 고급 사양을 그대로 도면이나 문서에 반영하면 추가금액이 생기므로, 잘 싸워야 한다. 얼마 전 불거진 한 중공업사의 대규모 적자가 바로 이러한 저가수주와 발주자의 추가요구 반영에서 비롯된 것이었다. 참으로 딜레마다. 공사를 수주하려면 너무 높은 금액을 써내면 안 되지만, 그렇다고 무턱대고 낮은 가격을 써내면 큰 손해로 이어질 수 있으니 참 쉽지 않은 사업이다.

다행스러운 건 살라맛 프로젝트 때와 마찬가지로 이 프로젝트도 해외 엔지니어링사의 도움을 받아 초기 상세설계를 함께 진행하게 되었다는 점이다. 선정된 회사는 테크닙. 살라맛 프로젝트 때는 경쟁 컨소시엄의 일원이었는데, 이번에는 같이 일하게 되었다. 테크닙은 프랑스 파리에 본사가 있지만 우리가 함께 일할 곳은 싱가포르 지사였다. 워낙 큰 회사다 보니 파리 말고도 미국 휴스턴, 말레이시아 쿠알라룸푸르, 싱가포르 등 대부분의 오일 및 가스산업 중심도시에는 지사가 있고 직원도 많다. 이번에도 살라맛 프로젝트 때처럼 파견팀이 조직되었다. 나는 아직 살라맛 프로젝트를 책임지고 있어서 본사에서 지원하기로 하고 김채진 부장님과 다른 후배가 함께 가게 되었다. 워낙 공사의 규모가 크기 때문에 테크닙에서도 프로세스설계에만 거의 40명 이상이 투입됐다. 이곳 본사에서도 쏟아져나오는 설계성과물을 열심히 검토해야 한다.

속전속결로 파견팀이 구성돼 싱가포르로 출발했고 곧바로 프로젝트의 킥오프회의를 진행했다. 파견팀 이야기를 들어보니 프로젝트 구성원 중 관리자로는 중동 고위급 엔지니어가 많고, 고용된 엔지니어로는 인도나 말레이시아 출신이 많다고 했다. 중동 출신 엔지니어들은 사업수완이 뛰어나고 돈문제에서는 전혀 양보가 없는 철두철미한 장사꾼 스타일이 많아서 상대하기가 어렵고, 인도 출신 엔지니어들은 머리가 비상하지만 결정을 쉽게 내려주지 않는 경우가 많아 프로젝트가 자주 지연된 경험이 있기에 앞으로 프로젝트 진행에 고난이 예상됐다.

파견지에서 킥오프회의가 무사히 마무리되자 우리 프로세스설계팀에도 공정흐름도와 설계 기준문서가 속속 전달되기 시작했다. 역시나 걱정했던 대로 상충되는 여러 가지 계약조건으로 인해 많은 사항이 추가되어 있었고, 싱가포르 파견지에서는 이에 대한 계약분쟁을 열심히 진행하고 있었다. FEED검증을 완벽하게 하려고 했지만 어디엔가 숨어 있던 악성 계약조건으로 인해 울며 겨자 먹기로 반영해줘야 하는 사항들이 많았다. 방어할 수 있는 것은 최대한 방어하고 할 수 없이 반영해줘야 하는 것은 보상을 위해 많은 레터를 발주자에게 보냈지만, 발주처 엔지니어나 계약전문가들의 입장은 강경했다. 참으로 고달펐다. 일괄도급방식의 EPC 프로젝트의 어려움을 다시 한 번 느꼈다. 상황이 어찌되었건 이미 계약은 되었고, 이제는 최대한 노력하여 프로젝트를 완수하는 수밖에 없다.

그렇게 정신없이 아랍에미리트 프로젝트를 진행하고 있는데 말레이시아의 살라맛 프로젝트 발주자로부터 이제 준비가 되었으니 성능보장시험을 허용하겠다는 레터를 받았다. 이 시험을 성공적으로 완수하면 우리 회사는 비로소 이 프로젝트의 종료를 선언할 수 있다. 5년 동안 노력을 바쳤던 프로젝트와의 작별의 시간이 다가온 것이다.

성능보장시험을 마치고
프로젝트 종료를 선언하다

열심히 진행하던 아랍에미리트 프로젝트는 후배에게 잠시 맡기고 살라맛 프로젝트의 최종 성능보장시험을 위해 다시 2주 동안 해양플랜트 생활을 하게 됐다. 이미 플랜트의 성능이 100퍼센트에 가까워지고 있고 특별히 조치해야 할 사항은 없기 때문에 프로젝트 매니저인 채명진 부장님과 나만 가는 출장이었다. 성능이 검증되면 프로젝트 매니저는 최종 시험성적서에 회사를 대표해 사인을 하고, 나는 그 성적서 내용 중 주요 성능에 대해 기술적으로 검토하면 되었다.

6개월 만에 다시 온 말레이시아는 여전히 습하고 더웠다. 우리는 파카로 이동한 후 다시 헬기를 타고 해양플랜트로 이동했다. 헬기를 타고 한 시간이나 지났을까, 저 멀리 익숙한 모습이 보이기 시작했다. 6개월 만에 다시 보는 플랜트는 예전 그대로였지만,

뭔가 새로웠다. 해양플랜트에 도착한 후의 일정은 예전과 똑같았다. 회의실에서 안전교육을 받아야 했고, 숙소를 배치받았다. 안전교육은 해양플랜트에서 아무리 오래 근무했어도 육상에 한 번 나갔다가 들어오면 다시 받아야 할 정도로 중요하다. 우리는 발주처 운전원들과 같은 방을 쓰게 됐는데, 이제 플랜트가 정상적으로 가동되고 있어서 방 대부분이 차 있었기 때문이다. 방을 배정받은 후 곧바로 최종 성능보장시험에 대한 계획을 듣기 위해 발주자와 회의를 진행했다. 이번 성능보장시험의 골자는 두 가지다. 시스템별로 정상적으로 운전되고 있는지 체크하고, 최종 생산되는 가스의 품질이 적절한지 확인하는 것이다.

플랜트에서의 일상은 6개월 전이나 지금이나 별로 변한 것이 없었다. 모든 면에서 엄격하게 관리되는 만큼 6개월 전의 환경과 모습 그대로 잘 유지되고 있었다. 매일 일상은 똑같았고, 모두가 주어진 역할에 충실하게 생활하고 있었다. 제어실에서 운전하는 담당자, 우리 방을 청소해주는 직원, 식당에서 맛있는 밥을 만들어 주는 셰프 등 모두가 여전히 밝은 모습으로 업무에 임하고 있었다.

해양플랜트에 도착한 다음 날, 본격적으로 성능보장시험을 시작했다. 정상적으로 운전되고 있지만 공식적인 기록을 남기는 것도 중요하다. 우리는 일주일 동안 분리시스템부터 시작하여 극건조시스템, 압축시스템 등 플랜트의 주요 시스템 전반에 대하여 발주자와 함께 면밀히 체크하고 기록했다. 펌프나 압축기가 안정적으로 작동하고 성능을 잘 내고 있는지, 각종 계기나 밸브가 제대로 신호를 송수신하고 잘 작동하고 있는지, 최종 생산된 가스의 품질이 가정에서 쓸 수 있을 만큼의 수준인지 등을 일일이 확인했다. 지난 6개월 동안 사소한 고장은 있었지만 큰 문제는 없어서 모두가 만족하고 있었고, 가스생산시스템 역시 싱가포르로 양질의 가스를 안정적으로 공급하고 있는 터라 별 문제 없이 성능보장시험을 통과할 수 있었다.

성능보장시험이 끝나자 발주자인 탑 E&P와 계약자인 우리 회사가 공동으로 사인을 했다. 비로소 정식으로 플랜트의 핸드-오버가 이루어진 것이다. 이제 계약자의 책임은 공식적으로 발주처로 이관되고, 계약자는 마침내 프로젝트 종료를 선언할 수 있게 되었다.

굿바이, 살라맛

드디어 5년 동안의 프로젝트가 끝났다. 입사 후 처음으로 초기 입찰부터 최종 시운전에 이르는 전 과정을 수행한 프로젝트가 끝난 것이다. 앞으로 1년 안에 중대한 하자가 생긴다면 후속 조치를 해줘야 하겠지만, 프로젝트는 공식적으로 종료다. 프로젝트 종료와 동시에 우리 회사의 손익도 평가되었는데, 수익률이 우리 회사가 해왔던 많은 해양플랜트 공사 중에서 탑5에 들 정도로 우수한 프로젝트였다. 뿐만 아니라 살라맛 프로젝트는 대한민국의 성공적인 해외자원개발 사례 중 하나가 되었다. 운전이 본궤도에 오른 후 연간 3,000억 원 이상의 수익을 올려주고 있으며, 이 성공을 계기로 우리나라는 해외자원개발에 좀더 활발하게 나서고 있다.

고생했던 프로젝트가 성과도 좋게 나오니 보람이 컸다. 설계부에서는 모든 설계자료를 '과거 공사' 폴더로 옮겼고, 내 자리 한 켠에 쌓아두고 참조하던 각종 설계자료와 교신자료도 도서관의 자료보관소로 보냈다. 해양플랜트 프로젝트는 대부분 3년에서 5년, 상당히 긴 기간 동안 수행된다. 나는 그동안 직급이 두 번 바뀌었다. 살라맛 프로젝트를 진행하면서 때때로 이 거대한 플랜트가 제대로 완성돼 가동되기는 할까 의구심이 들기도 했다. 플랜트가 항상 예측대로 운전되리라는 보장이 없었고, 프로젝트팀이 어떤 사람으로 이루어졌느냐에 따라 진행속도와 성과가 결정되기도 했다. 우여곡절이 많았지만, 서로 합심하여 해결방법을 찾아내고 개선함으로써 결국 플랜트를 완성할 수 있었다. 특히 발주처 엔지니어임에도 불구하고 많이 협조해주었던 피터 챙과 앤드루 리빙스턴에게 고마운 마음이 든다. 처음 프로젝트에 참여했을 때 미숙하고 때로는 고집스러운 내게 차근차근 많은 것을 알려주었다. 지금은 비록 각자 다른 회사에서 근무하고 있지만 여전히 연락을 주고받으며 서로를 격려하는 친구가 되었다.

이제 더 이상 살라맛 해양플랜트에 갈 일은 없을 것이고, 다른 프로젝트를 수행하느라 매일 바쁜 일상을 보내겠지만, 살라맛 프로젝트는 내 인생에서 평생 잊지 못할 기억으로 자리 잡았다. 플랜트 엔지니어의 길에서 아주 소중한 자양분이 되어준 살라맛 프로젝트에게 다시 한번 뜨거운 감사의 마음을 전한다.

굿바이, 살라맛!

나는 플랜트 엔지니어입니다

1판 1쇄 인쇄 | 2020년 9월 22일
1판 4쇄 발행 | 2023년 1월 10일

지은이 | 박정호
펴낸이 | 박남주
펴낸곳 | 플루토

출판등록 | 2014년 9월 11일 제2014-61호
주소 | 10881 경기도 파주시 문발로 119 모퉁이돌 3층 304호
전화 | 070-4234-5134
팩스 | 0303-3441-5134
전자우편 | theplutobooker@gmail.com

ISBN 979-11-88569-19-9 03570

이 도서의 국립중앙도서관 출판시도서목록(CIP)은 서지정보유통지원시스템 홈페이지(http://seoji.nl.go.kr)와 국가자료공동목록시스템(http://www.nl.go.kr/kolisnet)에서 이용하실 수 있습니다. (CIP제어번호: CIP2020034480)